双拼轉調法

五南圖書出版公司 印行

序

只要 能足夠簡化 和 深奧，

則 即使晚了三千年，咱仍能掌握明天起的 三億年。

因爲，未來遠比過去更長遠。

- 樂先

Ψ　『双拼轉調法』並不限制使用者怎地設計單筆集、編碼方式、或 第一候選表，但 它能降低皙數量 於 所需眾符號和 眾筆劃 在 國文，且 達到效果 於『所鍵即所得』。

引子

　　這幅圖已被刊登 在 www.danby.tw 的 某一分頁，有了半年以上。咱現就仔細地說明它的 基礎-『双拼轉調法』。開始吧。

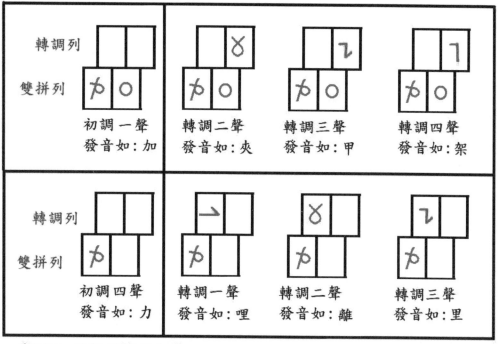

舉例的 雙拼列轉碼方式

舉例的 轉調列使用方式

5個 轉調圖形 於其 被選 從匚於 單筆集

⌐：轉一聲　Ⴆ：轉二聲　�：轉三聲　⌐：轉四聲　○：轉輕聲

目　錄

第一章

双拼轉調

1.1 單筆、拼筆、双疋（DANBY、PINBY、PAIRTOUR）

　　本書可算屬後集 之於 前著[1]。前著提出一眾概念 於 單筆、拼筆、和 簡化成就深奧[3]。本書除了提供完整規則 去 申論相關問題，還提出一新的 概念 於『双拼轉調』，其 能同時提供可行方案 予 國文速記、國文機械打字、和 國文電腦語言等三項工作，甚至，可以極大程度地兼容其它語言。

　　印象地說，前著 和 本書各強調一種轉字法 如下圖 1-1 所示：

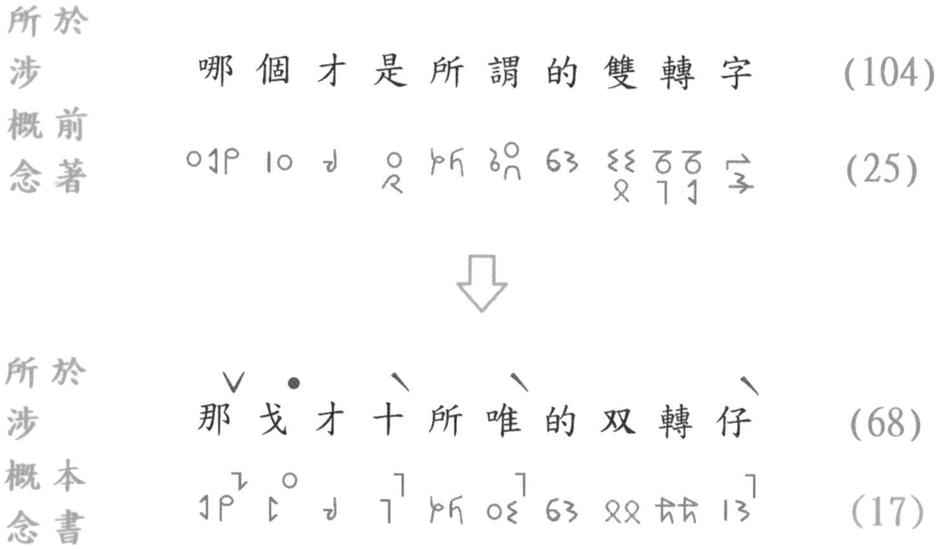

插圖 1-1　概念對照予本書和前著

　　在上圖 1 的 上半部，楷體片段 於『哪個才是所謂的双 轉字』有 104 劃。該片段可被轉換成『拼筆字』[1] 一眾，其

後方括弧內標示 25 為其筆劃數。雖然 該轉換大幅地壓縮了筆劃數、有利 於 筆記。但，該等拼筆字的 拼法甚多，有双拼、三拼、左右拼，上下拼，重疊拼等等。這繁多的 拼法之眾不利 於 機械打字機的 設計，更沒簡化 中文字集，即是說，常用的 數千款字料仍須數千款字料 去 表示。

　　在 上圖 1-1 的 下半部，一種轉調的 概念被提出 于 本書，使得同一句話可用 68 劃的 楷體組 + 5 劃的 調號組 去發音，其中，『那』字加上三聲記號就可表達發音 於『哪』字，且 依此類推。若 該轉調過的 楷體字群被轉換成一種新的『双足字』群，則 僅剩 17+5 劃 於 上圖中。本書後文將解釋，該 '双足字' 概念不只可僅用小於 四百款初調双拼字料 伴搭 五款轉調號 去 表達常用的 數千款國字，且 任一款双拼字原則上至多僅有兩筆劃，其中任一筆劃都是 來自 所謂的『單筆集』於其 共有 72 種單筆劃符號[1]。這種精簡的設計可同時滿足速記、機械打字、和 電腦語言等諸多任務。

　　以下，本書將從流程圖講起，一邊複習前著，一邊展開新內容。

1.2 所涉 流程圖（THE FLOWCHART）

　　所涉拆字方法 予 中文字集 可謂五花八門。但 很多咱常見的 輸入法非所見即所得，如倉頡、大易等 - 好比『法』字被拆 成『水土虫』，但咱並不會真地手寫 '水土虫' 去作筆記，咱打電腦時最後螢幕上也不會真地並呈 '水土虫'

和‘法’字，即是說電腦在螢幕上抹去了咱的 輸入過程，只留下轉譯結果 –‘法’字。

　　咱雖可直接用注音符號群 去 拼音，但 它們除了筆劃多、空間利用率低、沒有相似處 之於 原字、也沒有部首提示、還缺乏彈性（即同一種發音只有一個表達法）[2]。

　　爲了解決上述問題，本書使用一流程圖 如下圖 1-2 去產生所謂的 双拼字 和 双轉字，兩者通稱双足字：

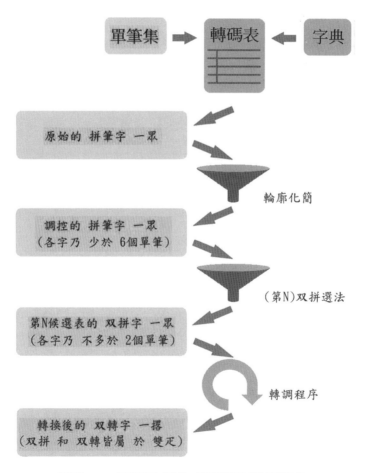

插圖 1-2　流程圖 予 生成双拼字 和 双轉字

　　在 專利案[2] 裡，『双轉字』被稱爲 Pair-Gauged Detour word，而『双拼字』被稱爲 Pair-Gauged Countour word。在本書，『双疋字』被稱爲 Pair-Tour word，其中‘疋’發音爲 /ㄆㄧㄨˇ/。上圖 1-2 裡，<u>『一眾』代表複數，『一摺』</u><u>代表可能爲複數 或 單數 且 有時被簡稱『摺』、或『料』。</u><u>這些習慣延續整本書。</u>

　　上圖 1-2 裡，『字典』代表一眾標準國字，而 單筆集和 轉碼表可由使用者設計。單筆集被稱爲 danby suite 在 [1]，經改版後裏頭有 72 個符號 在 本書、且 分成 14 欄（或稱族）如下圖 1-3 所示：

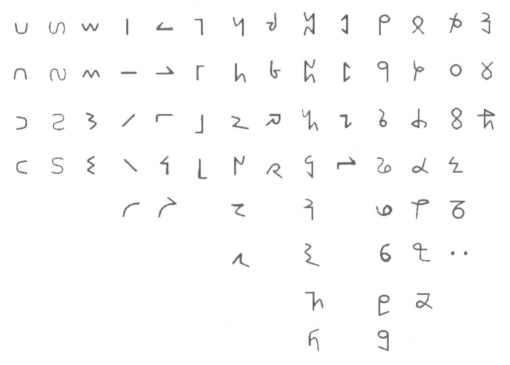

插圖 1-3　所擇單筆集 於 本書

　　上圖有 72 種單筆，其名言喻 72 種筆劃（stroke）一眾。除了一個例外，所有的 單筆各都可一筆劃完成。它們雖像是英文的 眾字母（alphabets），但不只如此。除了管發音，它們還對應部首群 和 筆劃群；除了被用來拼得所需發音，它們還被用來近似原字料的 字形一眾。所涉來由 之於 該 14 族的 設計將被講解 於 1.4.2 和 1.4.3 等小節。

　　該 72 個單筆符號被依序對應 到 一些部首 和 筆劃群如下圖 1-4 和 圖 1-5 所示。該兩圖舉例最常用的 一眾對應，但未窮盡地列舉。

#	G1	P	PP		
1	∪	日	凵	∨	
2	∩	月	八	人	冂
3	⊐	工	冫	ヨ	⼹
4	⊂	⼕	〈	〱	二
#	G2	P	PP		
5	∽	心	灬		
6	∿	川			
7	〜	己	包		
8	〜	王	彡		

#	G3	P	PP		
9	w	艹			
10	⋀	竹	巛	朋	
11	϶	了	弓	子	勹
12	⻖	隹	雈		
#	G4	P	PP		
13	∣	亻	丨		
14	一	一			
15	ノ	丿			
16	丶	丶			
17	⼁	厂	廠	戶	

#	G5	P	PP		
18	ㄥ	山	厶	レ	上
19	ㄱ	亠	立		
20	⼕	冖			
21	亻	干			
22	ㄟ	广	廣		
#	G6	P	PP		
23	ㄱ	十	刂		
24	⼕	卜	卜	彳	
25	⼂	扌	刂		
26	ㄴ	氵	乚	卜	

#	G7	P	PP		
27	�५	礻	衤		
28	ん	内	向	虫	
29	ㄥ	辶	灬		
30	⼂	Y			
31	⺀	乙			
32	㇏	儿	几	凡	風
#	G8	P	PP		
33	㇆	才	犭	扌	
34	㇄	匕	鹽		
35	㇅	刀			
36	㇟	疋	正	走	

插圖 1-4　列舉部分對應 予 1～36 號單筆料（在 1～8 族）之於 部首群 和 筆劃群

#	G9	P		PP	
37	ㅂ	ㅐ	肖	并	井
38	ㅌ	片	长	良	夫
39	ㅓ	禾	欠	分	柔
40	ㅕ	牛	牛	尊	每
41	ㅈ	彳	干		
42	ㄹ	辶	聿	重	令
43	ㄱ	木	不	來	
44	ㅎ	斤	舟	身	

#	G10	P		PP	
45	ㅣ	寸	手	月	丁
46	ㅏ	戈	弋	钅	
47	ㄴ	衣	元	七	瓦
48	ㅗ	宀			

#	G11	P		PP	
49	ㅁ	ㅐ	阝	阝	
50	ㅍ	夕	ㅐ		
51	ㅂ	言	占	合	
52	ㅎ	色	魚	金	谷
53	ㅇ	山	淇		
54	ㅎ	白	自		
55	ㅂ	艮	卩	另	
56	ㅓ	可	昌		

#	G12	P		PP	
57	ㅗ	貝	又	只	且
58	ㅏ	女	中	户	文
59	ㅓ	小			
60	ㅗ	人			
61	ㅏ	毛	疒		
62	ㅌ	土	士	圡	
63	ㅈ	西	頁	夾	兩

#	G13	P		PP	
64	ㅎ	力	巾		
65	ㅇ	口	回	田	
66	ㅎ	昌	各		
67	ㅎ	幺	系	糸	
68	ㅎ	石	古	酉	
69	‥	重複 或 飛地碼			

#	G14	P		PP	
70	ㅋ	于	亐		
71	ㅅ	又	曹	曾	火
72	ㅈ	於	車	襄	卒

插圖 1-5　列舉部分對應 予 37～72 號單筆料（在 9～14 族）之於 部首群 和 筆劃群

　　上兩圖的 匹配表讓拆字 有一參考依據，其涉及一眾編碼行爲 去 助使用者拼得『原始的 拼筆字』一摺 或者『双疋字』一摺。

　　因爲所涉拆字方法眾多 對於 國文系統，且 各使用者都有自己的 偏好 在於 所涉諸拆字方法，故，<u>本流程允許使用者採用自己喜好的 筆劃集 和 編碼方式，而 讓標準化的 部分 專注 在 一特定的　簡化流程</u>。只要所屬過程符合流程，使用者就可以定義自己的 候選表，讓其它人讀懂最終的 双疋字料，也讀懂此料須如何地發音。

　　上兩圖中，<u>圖 1-4 和 圖 1-5</u> 簡稱 作『轉碼表』，其分單筆集 到 14 個群（類似化學元素週期表的 groups），

即 G1～G14。其中，『#』欄指定一撮數字序號 給 所轄單筆料，『P』欄指定優先的 部首群 或 筆劃群 給 諸單筆。『PP』欄指定額外的 匹配筆劃群 當 它們聯合其它筆劃料 去 拼筆 且 適用輪廓簡化原則時。

　　該轉碼表讓使用者有依據 去 拼字，比如將『謂』字拆成『言、口、十、月』，其屬於 P 欄成員一眾，然後分別對應到序號 {51、65、23、2} 的 單筆一眾。只要擺好該一眾單筆，咱即可轉換原字成 一個『原始的拼筆字』。

　　根據流程圖 1-2，該'原始的拼筆字'可經過'輪廓化簡原則'去 簡化拼法 而 得到『調控的拼筆字』。若該簡化被用在 該'謂'字的 {51、65、23、2} 的 四個單筆，則 咱可得 {51、65、2} 三個單筆 作爲 化簡過的 單筆群。在 該過程中，『田』字被簡化 成 僅僅一個'口'字，因此 PP 欄於 圖 1-5 裡才會讓 '田' 搭上序號 65。換言之，序號 65 的單筆本來優先應該對應 到 單獨的'口'字，但若合乎化簡原則 介乎 諸聯合筆劃間，則 可引用 PP 欄位 去 代表'田'字。依此理，有更多的 字料 或 筆劃組可被放 到 PP 欄內，只是圖 1-4 和 1-5 並未全部列出，且 大多時候無此必要，其理由將逐漸明朗 於 後文。（註：P 在此象徵僅一個 pin，表示一個單筆；PP 象徵可能包含了複數個 pin，故進一步象徵其關聯了化簡結果於 多單筆劃的 情況）

　　所謂的『輪廓簡化』或『輪廓化簡』於 上一段將被申論於 下一章。目前，讀者可暫時用下圖 1-6 去 理解此概念。其中，左圖簡化了右圖，只留下了鳥的 輪廓，不只去掉了

大部分的 紋理 於 軀幹 和 翅膀，還去掉了鳥的 眼睛。但讀者並不會覺得該化簡讓（所）涉主體 於 鳥無法被識別。所謂‘化簡’在 本節的 流程圖也有類似的 概念。註：本圖的信天翁部分是一種改圖結果基於網頁 [9]，請參考之。

插圖 1-6　用本書封面 [9] 去說明 輪廓簡化

至此，咱已能初步理解爲何『謂』字 於 圖 1-1 可被三拼于 3 個單筆。在下圖 1-7 的 左下角中，該‘謂’字並未通過双拼篩選，因其筆劃數超過 2。顯然地，調控的 拼筆字極可能超過兩個單筆，該‘謂’字就給出了這樣的 例子。進一步說，在下圖 1-7 的左半部，綜觀『菱、唯、偉、謂』四字裡，也僅‘唯’字能被双拼，其追溯序號 65、12 去 分

別引用所轄 P 欄 而 代表『口』和『隹』在 圖 1-5 和 圖 1-4 裡。

插圖 1-7　篩選出双拼字料 並 轉調

　　因此，對於 第 N 候選表 在 流程圖 1-2 裡，'羡、偉、謂'三字的 拼筆群就被過濾掉，僅留下了'唯'字的 拼筆字，如上圖 1-7 的 左側所喻。只要加上轉調符號 給 該拼筆字 溯匸於 65、12 兩碼，咱就能表達 /ㄨㄟ ㄨㄟˊ ㄨㄟˇ ㄨㄟˋ ㄨㄟ˙/ 等諸發音，即ㄨㄟ音群，且 將更省力 較於 原注音格式。

　　因爲用'唯'的『双拼字』去 轉調 而 覆蓋音調一 到 四聲 在 上圖 1-7 左側，所以咱説 /ㄨㄟˊ/ 被選爲『初調音』予 晢『音群』於 ㄨㄟ組。只要加上調號 到 該双拼字的 右上方，咱就得到一『双轉字』去 代表另一調性 在 該音群。而'唯'字則被稱爲『初調字』於 該音群。

　　同理，若把這種概念用在 /ㄊㄧㄠ/ 的 四聲變化，則效果更明顯，如 上圖 1-7 右側所示。咱可見此時注音筆劃不只超兩倍 較於 双轉字，且 整個音節橫跨四個符號寬度。顯然地，若同樣用拼音方式 去 印刷，双轉字的 空間利用率將

優於 注音。

也顯然地，初調字的 選擇可能有多種，比如‘十、石、式’都各能作爲初調字 予 所屬音群 於 尸組。但，咱只需要選其中一個 給 一張候選表，且一張候選表總共有約小於 400 個初調音，因爲所需音群數 小於 400 在 常用的 3000+ 中文字[4] 裡。即是說，只要有一張候選表 去 記載小於 400 個初調字，就能用双拼轉調法去代表所需發音 予 任一個中文字。

最常用的 候選表被稱爲第一候選表，其承擔基本覆蓋，而額外的 候選表能助豐富用字選擇。比如針對尸組音群來說，若咱讓『十』（第 23 碼）工作 於 第一候選表選 、『石』（第 68 碼）工作 於 第二候選表選、『式』（第 3、46 碼）工作 於 第三候選表選，則可以兼顧讓簡單常用者排前 和 讓輔助者排後補的 概念。因此，双拼轉調更有彈性、利用率更高、更相似原字、筆劃更省 較於 注音。

而 所需代價 隨伴 該等優勢是使用者須花時間 去 熟練 400 個左右的 初調字摺。但，這並不會太麻煩，因爲，這一摺初調字料可被定義 忒于 使用者的 喜好，只要它們符合双拼轉調的 原則即可。若不想自己花時間 去 定義，咱可使用附錄 A.1 的 第一候選表[3]。

咱可以改個表達法 去 更換流程圖 1-2 到 下圖 1-8，其中最後四階段即爲所涉新概念 於 本書 相較於[1]。該四階段別爲篩候選字、双拼字、轉調、和 双疋字。

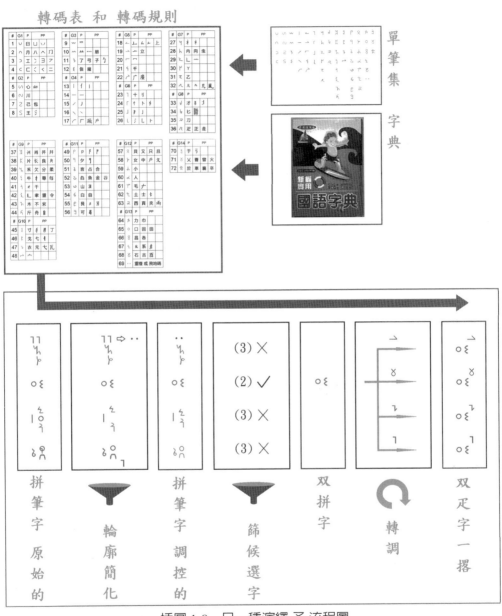

插圖 1-8　另一種演繹 予 流程圖

註：本書裡，部分一眾英文詞彙乃創造 忒于 筆者。隨屆 相關知識被交付諸
　　語言學專家 和 諸資科類專家 去 處理後，該一眾可能會有被修正的 必

要，但也可能直接被沿用。最終無論大眾選擇哪種習慣，筆者都將抱持一開放的 態度。

比如，拼筆之所以被稱爲 pinby，原先是因爲發音相近，且 pin 這個字有釘針插標的 感覺，有利於下一節的 horizontal pinning 和 vertical pinning 去 表達類似在地圖上插針的 空間標定方式，合乎今日大家使用網路地圖的 習慣。而且省略地講，pin 一字也夠簡短清脆，有發音優勢。若照 [1] 所說，pinby font 還可被想像 成 pin by font，去 暗示一種行爲 於 '插標 于 字體'。其它如 danby、pairtour 等也有類似的 考量。

1.3 橫 與 直拼（HORIZONTAL & VERTICAL PINNING）

前著 [1] 的 10.2.2 小節曾提到橫式文字提供不同的 包絡（envelope）型態 相較於 直式文字。本節將進一步考慮直式双拼的 運用時機，去搭配基本的 橫式双拼。

皙考量 於 個別優劣 關於 直式 和 橫式遍及很多範疇，其包括實用性、相容性、視覺生理效果、歷史印象 和 其衍生效應等等。即便平常書寫使用橫式双拼，在特殊的 時機上使用直式双拼仍有其價值。歐洲的 一眾文字雖然都主要爲橫拼，但其大小寫也利用縱向高低差去產生視覺輔助。且，其中少數字母會加一摺小傘符號 如 双點、勾勾等，去標示發音特徵，類似某些 IPA 音標符號的 思路。此等加小傘標示發音規則的 作法，就有點類似双足字運用轉調符號一般，會產生縱向的包絡變化。另外，音樂的 五線譜也同時使用了直拼 和 橫拼，所以，直拼的 價值在歐洲也是有例可循的。

　　咱檢視 397 個初調字 在 第一候選表裡，全部一眾拼筆字都是皆產物 從匚於 一双拼篩選過程，且 並沒有上下拼的成員，因咱刻意指定如此。那麼，是否能再定義 397 個初調字 予 直双拼呢？雖然可，但不容易，且大概需要造更多字。大家只要翻開字典，依序檢查，就能發現很多初調音沒有簡單的 直双拼選擇，除非自己造字 或 大量迭代輪廓化簡和 連筆方法（將被論述於下一章）。不過，這不表示直双拼的 數量少。相反的，很多常用初調音都有直双拼字。

　　第一候選表裡，有 50 個初調字各別僅含一筆劃，或 說僅含一單筆，即該等初調字實際上為一眾單拼字。因此，即使不造新字，光用第一候選表 在 附錄 A.1，咱就有近 13% 的 字可擔任直拼的 工作。

　　直拼的 好處，並不僅是 在 大小寫的 視覺效果。它如同額外的 候選表內容，也能增加彈性 和 功能、且 同時幫助降低需求 或 密度 在於 轉調符號。在某些用法比如描述方向之譜，直双拼更好被鑑別 較於 橫双拼，比如下圖 1-9 的 對比：

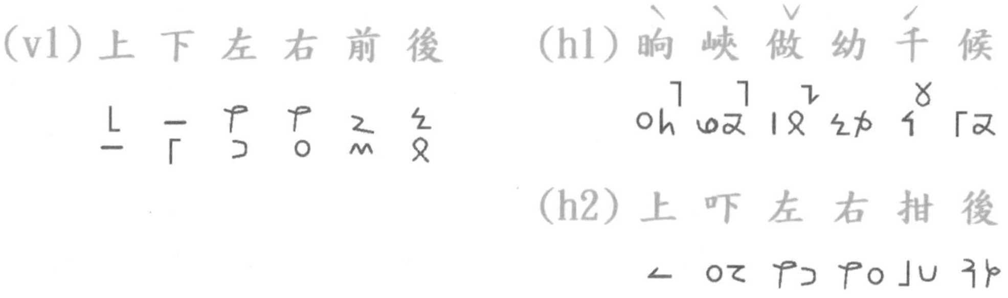

(v1) 上 下 左 右 前 後

(h1) 晌 峽 做 幼 千 候

(h2) 上 吓 左 右 扗 後

插圖 1-9　對照直拼 之於 橫拼 給 同一發音群

　　因爲上圖 1-9 的 直拼組（v1）是直接地 溯匸於 原字群，而不透過第一候選表的 初調字去轉調，所以顯然地較相似 於 原字群。而且 關於 這六個方向的 原字料，有五個用直拼作主要結構，有一個直橫各半。故，針對所轄字群涉於 方向群組，咱可用直双拼 去 獲得不俗的 效果。上圖的（h1）和（h2）是分別地 溯匸於 附錄 A.1 和 A.2，即分別爲第一候選表 和 第二候選表 隨搭 部分的 第三選表。

　　但，若一段文字裡混用直橫拼，可能增加隨機性 且破壞閱讀慣性。那麼，怎何而才能緩解該類衝突呢？下圖 1-10 給出了一種提示：

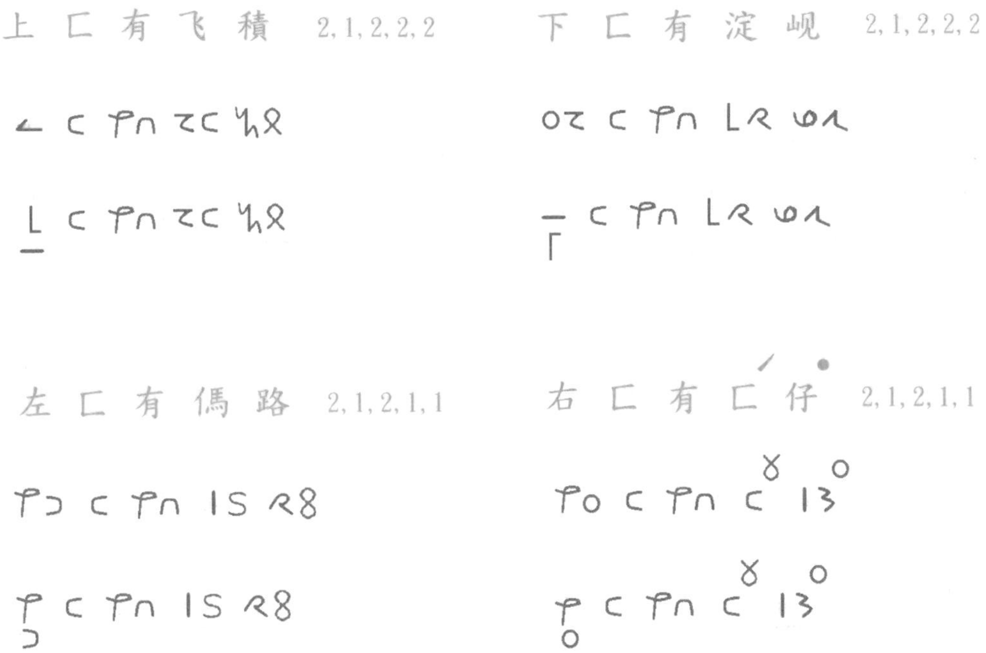

插圖 1-10　給出四個片段 去 比較視覺差異 在 混用 和 不混用直橫双拼

　　上圖 1-10 裡給出了四個群組，其發音分別爲『上方有飛機、下方有電線、左方有馬路、右方有房子』。每組分別給出一列初調字料、一列橫双拼字料、和一列直橫混双拼字料。

　　其中橫双拼列混用第一、二兩候選表。比如『2,1,2,2,2』跟著『上匚有飞積』表示除 '匚' 字引用附錄 A.1，其它的 引用附錄 A.2。諸混拼列各有一個例外，在其諸句首的 直拼字，其不是 溯匚於 該 A.1 或 A.2。比如 '上' 字的 直双拼組合 于『乚、一』的組合，其不出自 A.1 抑或 A.2。

　　有趣地，因爲各直双拼字都被放在其句首，故不僅不產

生混亂，還有相對靠譜作用 如 其 在 英文大寫，因為除了第一字料 於 某些句頭可能用到中行群 和 下行群，其它字料都只用到中行群 和 上行群，就上圖論。

　　換言之，只要選擇特定的 位置 或 情境 去 使用直双拼作 輔助，整體文字不僅不會混亂，還會更加清晰，有時還能減少轉調號的 數量。（比如，『是』字若用第 65、36 碼去 直拼就很合適。）

　　這裡要補充説明，上圖的 直拼字‘右’和‘左’，其實也可以改成橫拼，且 不變選碼序號 予 左右單筆，即用不論直拼 或 橫拼，‘右’字都可先選號 61、再選號 65，挺方便的。這種便利是 肇因於 61 碼乃 上方於、同時也是 左方於 65 碼。好像國字‘這’的‘辶’部，既是 下方於、也是 左方於‘言’。一個小差別是，所涉選號順序將有不同介乎 直橫拼法間 針對‘這’字，比如直拼時先選號 51 再選號 29，但 橫拼時則倒過來先選號 29 再選號 51。由於 咱手寫‘這’的 拼筆時習慣先寫第 29 碼、再寫第 51 碼，因此橫拼‘這’字不只較合視覺感，也較合筆順，此點略不同較於‘左’、‘右’兩字的 拼筆情況一眾。

　　直双拼的 主要價值是 在於 提供彈性 給 橫双拼。有時候，橫双拼雖然簡潔，但 一初調字的 楷字性質可能不夠接近所涉詞料，使得讀者閱讀時辨識較慢 相對於 當 使用該詞料的 原正楷字料時。此為同字多義的 一缺點，雖然有時也是其優點。直双拼可助降低這類缺點，比如下圖 1-11 展示了一種片段，其中記錄了一摺款為『買一本書』，若用橫拼

搭 第一候選表 於 附錄 A.1，則所擇初調字料應爲『劢一本术』。（本書將簡稱附錄 A.1 的 第一候選表 爲 A.1）

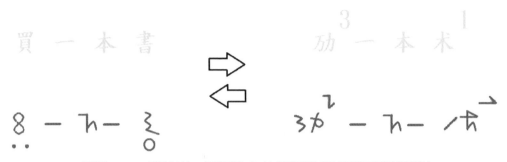

插圖 1-11　再給出一個範例 在 比較混用 和 不混用直橫双拼

顯然地，全橫拼的 版本只需考慮上中兩列，有利於電腦 或 打字機去標準化地處理；另一版本運用了直拼，使用初調字 去 完全地對應了‘買一本書’，雖然整體包絡多了下列需要被考慮，且若 更考慮轉調列，則 會複雜化輸入法，但，確實不會讓人產生錯誤的 解讀，書就是書，不太可能被誤解讀成‘賣一本樹’。當掏出便條紙時，只要看到‘書’的 直拼字，讀者就知道自己該找什麼，完全不須使用拼音去理解。這個訣竅在於，只用直双拼 在當 原字非常相似 於 所涉詞彙的 原字時。直双拼的 字料應該被蒐集 且被加入專門的 候選表集合。

至於可讀性的 問題，電腦時代的 人們應該運用電腦的算力去進行轉字，局部地 或 完整地把双疋字群轉回對應的標楷字群。這點將被申論於之後的三體（trinity）章節。

1.4 編碼對照-發音上（CODE MAPPING-PHONETICALLY）

既然双拼篩選揀的 眾初調字料能代表發音料，那單筆劃本身該如何被發音呢？每個單筆總要有個發音去對應才能方便使用者 去 溝通吧。

這確實是一個應被首先解決的 事項。本節將定義專屬的 發音匹配 給 各單筆 ，並隨後引入國際音標（IPA）的 概念。下一節將定義專屬的 數字編碼方式一摺 給 諸拼筆字去 助統計諸字特徵、搭配電腦程序，和 方便溝通。

無論溝通 忒于 發音 或 數字，明確地編碼定址各單筆劃都算極重要。因爲，發音 和 字體的 連結是文字的 天生特色；而數字表達則有利 於 讓使用者脫離舊概念的 包袱、從而 進行科學工作。

筆者自己發現，用數字編碼 去 代表拼筆字加速了各項分析工作；記住這些碼號讓筆者能管理諸多文字 而 不至於錯亂。若 當初筆者沒有將這些符號數字化，則 今天這本書將難完成 於 這個時間點。若 單筆集沒被數字化，筆者自己可能都很難記憶運用那些符號。

巡當 開發時，筆者先定義 並 記住了所屬編號予 各單筆劃，然後才根據匹配的 各優先部首筆劃 去 定義了各單筆的 發音。該等匹配是經過許多輪迴的 搜尋檢查 于 試算表上才被確定的。即是説，它們的 發音料是經過了一連串的數字實驗之後才被定義下來的。

1.4.1 發音表 用 注音〔phonetic table using jys〕

　　下圖 1-12 和 圖 1-13 很類似於 1.2 節的 圖 1-4 和 圖 1-5，保有 # 欄位、G 欄位、和 P 欄位，但取消 PP 欄位、增加了 PY 欄位 和 T 欄位。該多增的 一眾欄位 旨在定義發音料 予 G 欄位的 諸單筆成員；PY 代表『拼音』（在此即注音 JY），其編碼可見 戉於 附錄 A.3 或 圖 1-32；T 欄位標示聲調。這等命名乃 肇因於 PY 爲 pin-yin 的 頭字組；而 T 爲 tonality 的 頭字，代表『聲調』。

#	G1	P	PY			T
1	∪	曰	9	e	o	4
2	∩	月	u	x		4
3	⊐	工	g	y	0	1
4	⊏	匚	f	!		

#	G2	P	PY			T
5	㇍	心	c	e	&	1
6	∼	川	w	y	3	1
7	㇌	己	9	e		3
8	㇇	王	y	!		2

#	G3	P	PY			T
9	w	⼧	j	y	8	3
10	⋀	竹	j	y		2
11	₹	了	l	2		0
12	₴	隹	j	y	a	1

#	G4	P	PY			T
13	I	亻	q	&		2
14	—	一	e			
15	／	丿	p	e	x	3
16	＼	丶	n	8		4
17	⌐	厂	w	!		3

#	G5	P	PY			T
18	㇟	㇄	v	!		4
19	⼹	亠	t	o		2
20	⼁	一	m	e		4
21	⼵	千	7	e	3	1
22	㇒	广	g	y	!	3

#	G6	P	PY			T
23	十	十				2
24	⌐	丆	c	e	&	1
25	⌐	扌	v	o		3
26	㇄	氵	v	y	a	3

#	G7	P	PY			T
27	ㄐ	衤	v			4
28	h	内	n	a		4
29	⼄	辶	w	y	6	4
30	⼂	Y	8			
31	⼄	乙	e			3
32	⼈	儿	r			2

#	G8	P	PY			T
33	⼔	才	4	i		2
34	⼃	匕	b	e		4
35	⼖	刀	d	#		1
36	⼂	疋	p	e		3

插圖 1-12　對照表 予 單筆料（屬 1～8 族）對 優先部首料 和 發音料

#	G9	P	PY			T
37	屮	爿	b	3			4
38	片	片	p	e	3		4
39	禾	禾	h	2			2
40	牛	牛	n	e	o		2
41	彳	彳	w				1
42	辶	辶	e	&			3
43	木	木	m	y			4
44	斤	斤	9	e	&		1

#	G10	P	PY			T
45	寸	寸	4	y	&		4
46	戈	戈	g	2			1
47	衣	衣	e				1
48	宀	宀	m	e	3		2

#	G11	P	PY			T
49	尸	户	p	b	!		4
50	夕	夕	c	e			4
51	言	言	e	3			2
52	色	色	d	3			4
53	山	山	v	3			4
54	白	白	b	i			2
55	艮	艮	g	&			4
56	可	可	k	2			3

#	G12	P	PY			T
57	貝	貝	b	a			4
58	女	女	n	u			3
59	小	小	c	e	#		3
60	人	人	q	&			2
61	毛	毛	m	#			1
62	土	土	t	y			3
63	西	西	c	e			1

#	G13	P	PY			T
64	力	力	l	e			4
65	口	口	k	o			3
66	昌	昌	w	!			1
67	幺	幺	c	e	#		2
68	石	石	v				2
69	⺀	蒜	s	y	3		4

#	G14	P	PY		T
70	于	于	u		2
71	又	又	i		4
72	於	於	u		2

插圖 1-13　對照表 予 單筆料（屬 9～14 族）對 優先部首料 和 發音料

　　比如，在 上圖 1-13 裡，G1 的 1 號匹配『白』字，因此發音爲『ㄐㄧㄡˋ』。其中，『ㄐ、ㄧ、ㄡ』分別地對應『9、e、o』在 py1、py2、py3 諸欄；『ˋ』對應『4』在 T 欄。簡言之，暫定發音法 於 一單筆是決定 恁于 其 P 欄 於 其 規範優先匹配字料 去又 決定發音料。前述的 PP 欄眾被 忽略乃 肇因於 該眾負責後補匹配，其乃 無關於 發音定義。

　　那麼，爲何不直接打注音呢？因爲 注音符號花費太多鍵了，並非所鍵即所得 且 需要經歷選字過程。故當 處理相關資訊時，筆者用英文字母、數字、標點等一眾符號等 去對應那 37 個注音符號之眾。在這，大家就可看到傳統注音的 限制，即很多音都要四碼才完整，其中只要任何一碼超過一筆劃，就會造成五六筆劃以上的 麻煩。若大家試著用

注音做筆記 在 書的 頁邊 或 圖表旁就會發現，那經常不太可行，一下子就沒有足夠的 空間可用。

　　專利案[2] 和 稍後的 圖 1-17 介紹方法一摺 於其 包括用双拼列 和 子音列 去 增加一眾拼音效果。下一章將介紹拼音文字的 一些歷史 和 方法，並 擴充双足系統 去 強化拼音功能。

1.4.2 匹配 到 諸英文字母〔mapping to EN alphabets〕

　　請看下圖 1-14，其列出了所有的 英文字母料、相似的單筆料、及 其序號一眾。顯然地，若咱想取單筆集的 一部分 去 匹配英文字母料，則 事乃可行 且 不違和。

　　巡當 單筆集被初創時，雖然被期待能匹配外文 如下圖 1-14 般，但，當時此事的 必然性並無保證。當初的 主要猜想是 基於：若能系統性地涵蓋最簡單 且 經常被需要的 筆劃集，則這類匹配就能保有高度的 相似性。

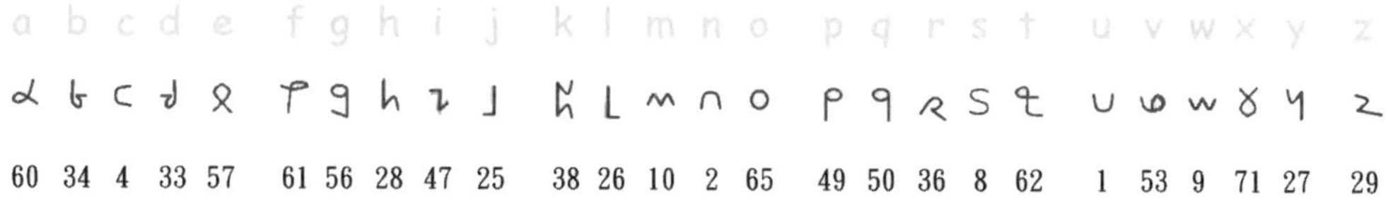

a b c d e　f g h i j　k l m n o　p q r s t　u v w x y　z

ᴅ ƅ c ɗ ᶅ　ᵹ g ɦ ᴢ　ᴋL o ɯ o　P q ᴙ S ᴈ　u o ɯ ᶌ Ⴟ　z

60 34 4 33 57　61 56 28 47 25　38 26 10 2 65　49 50 36 8 62　1 53 9 71 27　29

插圖 1-14　用一群單筆料 去 一對一地對應英文字母料 依據 外型相似度 去 匹配

　　巡當 單筆集被初創時，其首要任務是處理中文拼筆化的 問題，其次才是考慮是否能追加小改動 去 達到匹配外文的 效果。後來就如上圖 1-14，沒有額外修改就能達到高相似度的 匹配 在 英文。幸運地，羅曼、日耳曼、和斯拉夫

語系的 基本字母料相互間本就高度地相似。故，咱若要針對其它外文 去 做匹配看起來也不像會有太大的 困難（比如法、德、俄、西、等），畢竟咱的 單筆集足足有72個很基本的 符號一眾。

那麼，筆者是依據怎樣的 原則 去 分類這些符號呢？咱用下圖 1-15 說明：

1-彎	2-迴	3-彈	4-直	5-橫折	6-纵折	7-彎折	8-轉折	9-双勾折	10-双折	11-閉	12-跨	13-複合	14-特殊
1	5	9	13	18	23	27	33	37	45	49	57	64	70
2	6	10	14	19	24	28	34	38	46	50	58	65	71
3	7	11	15	20	25	29	35	39	47	51	59	66	72
4	8	12	16	21	26	30	36	40	48	52	60	67	
			17	22		31		41		53	61	68	
						32		42		54	62	69	
								43		55	63		
								44		56			

插圖 1-15　分類圖 之於 單筆集用 數碼料 去 表達

上圖 1-15 展示了相應名稱 分別予 14 個族群。一個族群的 成員眾共享主要的 結構特徵之撮。有灰色底的 少數諸序號 匹配著一些異類單筆。

若重畫圖 1-3 在 下圖 1-16，並 參照上圖 1-15，咱可見，序號 1〜4 都爲彎弧形，故稱其爲『彎』族，但不稱其爲 '弧' 族。因爲，相較於 第 17 碼，1〜4 碼有明顯地較大的 彎曲弧度一眾，故稱其爲 '彎' 族 或 依欄號稱 '第 1 族'。這麼唸也較順口。

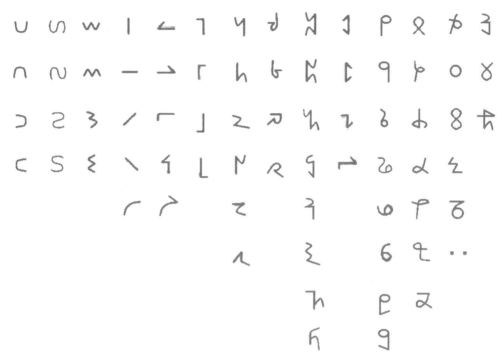

插圖 1-16　重畫圖 1-3 去 助對照單筆集 和 前圖 1-15

註：依照圖 1-15 的 定義 和 底色標示，第 21 碼 於 上圖 1-16 爲一個異類
　　在 其族群內。本來它應該屬 於 双折族，但現在卻被放 在 橫折族。在
　　設計之初，該第 21 碼位置確實被放了一個舊橫折類的 符號，其原爲 20
　　碼的 鏡像，即一個先向右走然後向下拐一小段的 符號。但，該舊符號
　　並未被用在拼筆過程，成爲了一種浪費，且 當時恰好需要新增一個碼
　　去 對應國文字 '千'，故 新增符號直接搶了 21 碼 而 成爲一個例外。
　　這樣雖破壞了規律，但 可讓其餘諸碼號不變，讓先前的 諸統計 和 編
　　碼一衆可被沿用。其餘的 相關說明 關於 各族名稱 及 異類被解釋 於 附
　　錄 A.4 裡。日後軟體開發者們可局部地 或 全部地重編序號群。

　　同一族的 諸單筆成員常有大量的 旋轉關係 和 鏡射關
係，比如第 1 碼 和 第 2 碼爲上下鏡射關係，且第 2 碼 和

第 3 碼有旋轉關係等等。故，單筆集雖有不少符號、達 72 個成員之多，但 在記憶上卻不那麼費腦力。英文字母雖僅 26 個，但 並未依圖形特徵 去 分類，相當 於 全部算同一族，所以我若直接問大家第 12 個英文字母爲何，大家可能得想一下算一下才算得。但若 大家用習慣了單筆集，一旦講 第 12 碼，大家就會知道那是‘佳’、有彈跳特徵、且 應該在第三族群、其粗略位置可被欄位化地定位 在 腦中（練習 1.2 幫助大家先熟悉族群邊界號碼，然後迅速定位剩餘符號）。

因此，這一眾選碼序號有多種意義 去 支撐記憶。雖然看上去挺多碼的，但若 用族群的 角度 去 管理，並不困難，就 14 群而已。這裡還有個明顯 卻又 容易被忽略的 重點，即除了第 69 碼，各單筆集成員皆有僅一筆劃。這更讓記憶變得輕鬆。

另外，數字編碼 予 單筆集很有好處 之於 出版物的 關鍵字索引群。比如國內大專的 外文教科書料，通常會各在附錄之後羅列關鍵字料 和 其所駐頁碼，且 該等字料通常依字母順序 去 排列，同字母區的 眾字頭都有相同字母。這給讀者視覺上和 搜尋上的 便利。

本書末就附有這樣的 關鍵字搜尋表 在 附錄 A.7，讀者不妨試著用它 去 搜尋一下本書哪些頁數有‘双疋’兩字。

若能仿照附錄 A.7 的 格式，未來國文關鍵字的 搜尋也會很輕鬆，因爲單筆集的 碼號料除了有數字料標示，大體上就外形來說是依編號由簡入繁，且同族群諸成員的 碼號

料有連續性。咱用下圖 1-17 比較一下 双疌搜尋 和 注音搜尋
（註：A.7 的 版本省略了轉調號）：

	双疌		頁數	楷體
25.45.13.11.7	˩˩ ˩˧ ˥		3, 16, 23	打字機
25.45.43.46	˩˥ ˧˩		15, 23	大寫

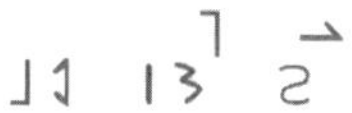

	注音		頁數	楷體
	ㄅㄚˇㄕˋㄐㄧ		3, 16, 23	打字機
	ㄅㄚˋㄒㄧㄝˇ		15, 23	大寫

插圖 1-17　對比兩種索引格式分別 在 双疌系統（溯匸於 A.1）和 注音系統

　　上圖 1-17 裡，上半部是 双疌索引格式，下半部是注音
索引格式。其中，双疌索引除了更工整、保留部分原字如
『打』字，還在其最左側有欄位 予 初調字的 單筆序號串。
而且，這還只用了第一候選表 A.1 去 作為索引基礎。若混
用 A.1 和 A.2 兩張候選表去索引，則可得下圖 1-18 的 下半
部，其中『大』字也可被初調字保留下來。

　　双疌索引還有些好處不那麼明顯，當 原文本身就用双
疌格式時。一是撰寫索引將非常簡單，可以直接拷貝內文貼
上，不用多鍵入注音；二是 當 循內文查詢頁碼時，常不須
默念 去 轉換發音，找同樣的 形狀即可，因為單筆集諸成員

本身就依外型特徵排序。

　　這裡要強調，双疋系統依托 並 強化注音系統，而不廢除它。相反地，双疋系統的 普及將能催生更多的 注音軟體料。今天的 各種注音軟體料多半寄生 內於 中文打字軟體料，因此需要經過選字過程才能打出注音。若 未來大家熟悉了双疋系統並習慣了用軟體 去 進行三體轉換，則 大家會反過來開發軟體料 去 互轉 注音 和 楷體。這有助 於 普及書尾索引。即是說，索引功能不一定要用双疋系統去完成，但 双疋系統能助普及索引系統。

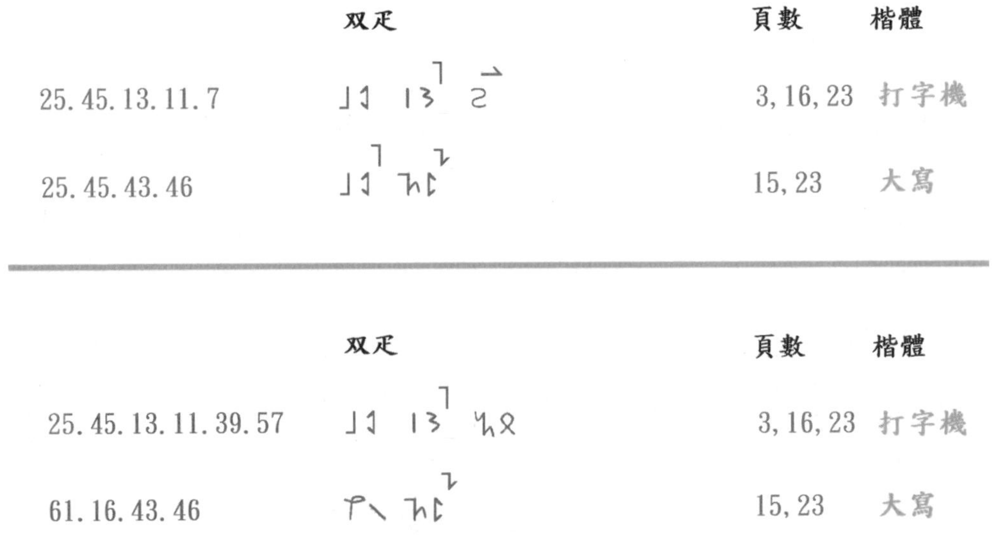

	双疋		頁數	楷體
25. 45. 13. 11. 7	ㄐㄣ ㄖㄅ ㄅ		3, 16, 23	打字機
25. 45. 43. 46	ㄐㄣ ㄏㄅ		15, 23	大寫

	双疋		頁數	楷體
25. 45. 13. 11. 39. 57	ㄐㄣ ㄖㄅ ㄐㄣ		3, 16, 23	打字機
61. 16. 43. 46	ㄏㄟ ㄏㄅ		15, 23	大寫

插圖 1-18　對比兩種双疋索引分別 溯囗於 獨用 A.1 和 混用 A.1 和 A.2

　　有讀過原文書的 讀者，應該知道，其有多重要 在於 憑藉書末的 關鍵字料 去 搜索內文。而這個需求，可被單筆集完美地滿足。有了双疋字，未來的 國文教科書的 每一本

都能加上方便的 關鍵字搜尋區，而這在目前的 國文教科書裡，非常稀缺。

接著，咱回到本小節的 主題，看看如何善用字母匹配去 混用國文 和 英文。咱先看下圖 1-19 的 (I) 部分，其中網格結構被稱爲‘全交錯底盤’，其目的是 關於 用中間列 去表達諸双拼字 和 諸外文字；上方列被留 給 轉調號料 和 特殊標點料。比如下圖 (I) 的 例句講『他說 <i like his car>』，其中『他說』兩字爲双拼字料，而 兩個轉調號被運用 成 外文引用符號；英文部分則遵循圖 1-14 的 諸匹配選擇。

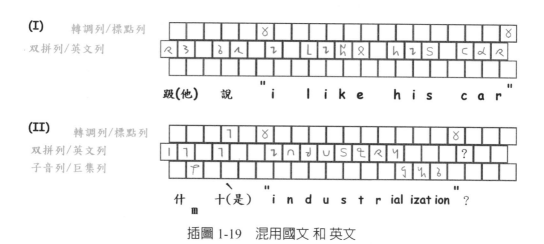

插圖 1-19　混用國文 和 英文

上圖 1-19 給出另一例子 (II)，其運用全交錯底盤的 下方列 去 提供子音擴充、和 巨集功能，其中前者更重要 對於 國文，後者更重要 對於 外文。例 (II) 講『什麼是 <industrialization>？』，其中‘什麼’的‘麼’字被子音化，只剩子音 /m/，其用子音列 去 掛序號 61 的 單筆 於其 對應

‘毛’字 去 表達子音 /m/。該子音化的 行爲遵照所訂 忐于 圖 2-22，其將被申論 於 下一章。例（II）的 英文部分用双拼列 去 表達 industry，其匹配仍遵循圖 1-14。但該字的 下方 有三個符號尾隨，其中，第一個選用第 41 號單筆 去 代表形容詞化的 ial、第二個選用第 39 號單筆 去 代表動詞化的 ize、第三個選用第 51 號單筆 去 代表名詞化的 tion；三者連用就把 industry 變成了 industrialization。這些符號的 諸選角方法是 肇因於 它們的 外形料像融合體料 之於 其匹配字料。

　　國文字料大多非子音結尾，也很少用雙子音如 st、sp、sk 之類的。但有了子音化的 擴充功能後，這類缺失就能被改善。故，子音化功能是相對地重要 對 國文論；外文裡的歐洲語系多有拼音 和 字尾變形特徵。故，巨集功能相對地重要 對 外文論。簡單地説，(I) 是陽春格式，(II) 是擴充格式，兩者協調就像完善的 捷運網，能照顧 各區車站，且增加路徑選擇，讓人們不用出站，一路都有空調照顧下地達到目的地。若被實踐 在 軟體上，大家就不再會遇到某些窘境如打英文字打了半天都沒成功才發現原來沒脫離注音模式之譜。若要用純拼音模式，則可參照下一章的 2.6.1 小節 和 圖 2-22、23。

　　外文也可用一些國文符號 和 巨集列 去 省字。比如用第 32 碼單筆 去 替代 er、或 用第 71 碼單筆去 替代‘愛’的 發音 在 双拼列 或 巨集列等等。

1.4.3 匹配 到 諸十進數字〔mapping to decimal nubers〕

　　咱可沿用前一小節的 概念，去 匹配單筆集 到 數字符號集。

　　咱熟悉的‘阿拉伯數字’有十種，也能被一對一地近似到 幾個單筆摺上，如下圖 1-20 所示，其列出三列分別爲：阿拉伯數字料、對應單筆摺、和 對應序號料。

1 2 3 4 5 6 7 8 9 0

| 13 | 29 | 11 | 62 | 8 | 54 | 23 | 66 | 50 | 65 |

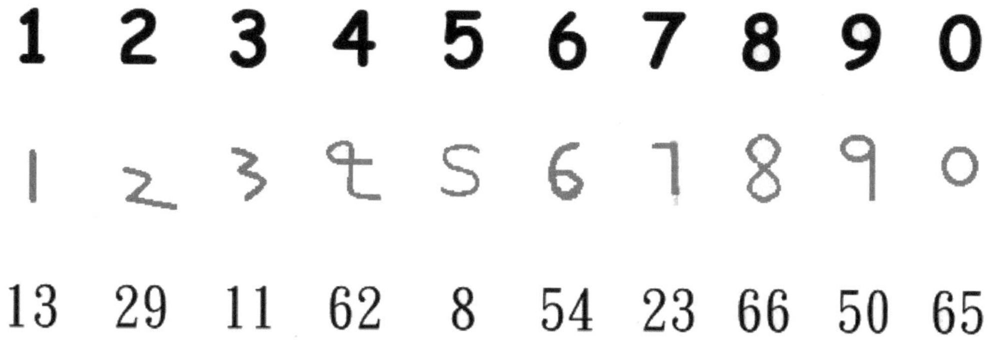

插圖 1-20　用一眾單筆 去 一對一地對應阿拉伯數字料 且 用外型相似者 去 匹配

　　上圖 1-20 用數字料 去 匹配單筆摺，而上小節用英文字母料 去 匹配另一摺單筆，兩摺單筆之間雖有交集，如第 29 碼既對應數字 2 也對應英文字母 z，但這並不限制兩者的 同文表達。只要用其它符號組成專用標點 在 轉調列就能避免誤會，如上小節所述。

　　[1] 的 7.4 有提到普遍流傳的 造字原理 予 阿拉伯數字料，該原理類似 於 其 在 單筆集，故咱在此重提一遍。該原理牽涉計算轉角數量 去 定義所擇數碼。如下圖 1-21 所示，數字 1 有 1 個轉角，數字 2 有 2 個轉角，數字 3 有 3 個

轉角，依此類推：

插圖 1-21　普遍流傳的 原理圖 去 說明造字原理 於 阿拉伯數字料

　　同理，單筆集也依構造特徵被分爲 14 個族群。承上小節的 分類，咱用灰塊蓋掉一些異類 和 較複雜的 單筆號一眾，得下圖 1-22：

插圖 1-22　分類圖 予 單筆集 隨屆 遮掉一些例外單筆料後

　　讀者可見第一族（彎）和第三族（彈）的 主區別是彎數不同；皆主區別 對 第四族（直）、第 5 族（横折）、第六族（直折）、和 第 10 族（双折）來说是 在於 轉角數 和第一筆走向。因此分组的 原則就類似所涉造字原理 於 阿拉伯數字料；而相似性 於 同族諸成員，就好比相似的 化學特性 在 同一族 於 元素週期表一般。

　　這時讀者就可以大約地感受到，這 72 個符號料並非只是 72 個新的 注音符號料，也並非無關 於 其它系統之眾，而是一組能被通用 於 各系統間 的 一眾符號。這使得一個符號能具有多重含意，且 不是單純機器式的 密碼，而 是一個能由人的 感官 去 判讀變換，且 依自己喜好 而 靈活搭配的 符號一眾。

　　這樣的 搭配還有一撂好處 在 扮演代號上，可解決一些沉疴。比如咱常用『甲乙丙丁戊己庚辛』去代表『12345678』，卻又嫌它們筆劃太多，所以，若用單筆集，咱就能解決這種問題。前十二個單筆料發音『白月工匚 心川己王 爪竹了佳』，但各單筆本身都只有一筆劃。這使得發音 和 組合都很便利。該一眾單筆甚至可被用在時鐘上，比如下圖 1-23 的 左側。

　　若要用單筆集配合羅馬數字也很容易，比如下圖 1-23 的 右側。

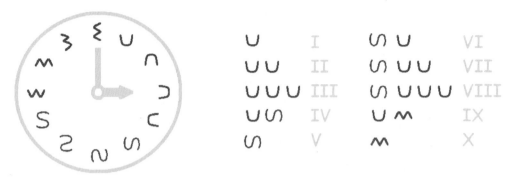

插圖 1-23　運用單筆料 在 時鐘上 或 羅馬數字料處

　　總之，有了簡化的 一眾符號以後，無論是藝術上、甚至科學上都有很多自由度。做數學運算時也不必只依靠外文去 求得效率和 便利。

　　咱現更進一步，用單筆集 去 搭配國際音標（International Phonetic Alphabet）圖 和 其底盤，看有何效果。

1.4.4 匹配 隨搭 — IPA 空間圖〔mapping w/ an IPA space chart〕

　　下面這個陌生的 圖 1-24，有幾個熟悉的 符號，尤其是那幾個最靠左右兩側的，就很像那些音標料 在 咱的 中學課程裡。但是其它的 就有點陌生。關於 這類圖，咱只講所需部分 對 咱來說，至於 細節，請讀者參考[5] 於其 爲教科書在 筆者的 學生時代。

　　咱的 構圖法略不同 於 教科書的 習慣；教科書採取了一種類比式的 構圖法，但 咱採取了數位式的 構圖法。因此，咱的 構圖有底盤網格，而 教科書沒有。這種改變 在資料格式有巨大的 一眾好處 在 收藏、整理、和 訂正上，咱先不展開講。咱現在的 主要目標，是說明如何運用單筆

和 拼筆 去 搭配這類圖 給 國文 和 外文。

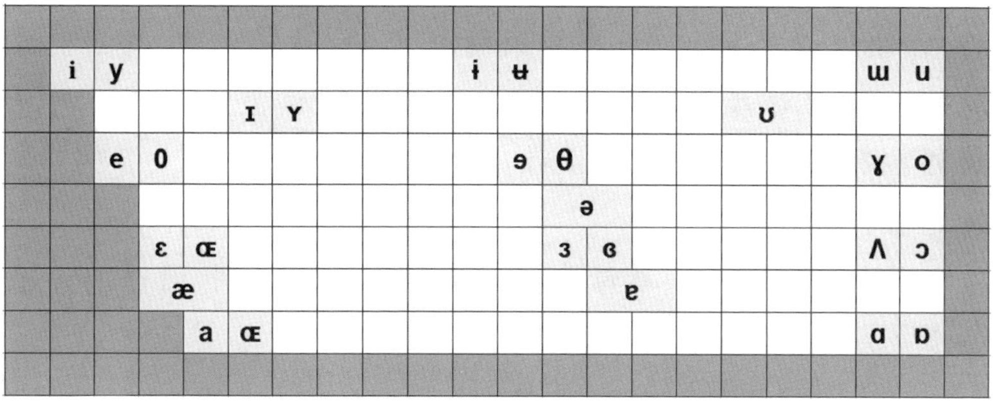

i	y					ɨ	ʉ			ɯ	u
		ɪ	ʏ						ʊ		
e	ø						ɵ			ɤ	o
							ə				
	ɛ	œ				ɜ	ɞ			ʌ	ɔ
	æ						ɐ				
	a	ɶ								ɑ	ɒ

插圖 1-24　IPA vowel space chart（國際音標元音空間圖）

　　上圖 1-24 強調元音（或稱母音）的 部分。該圖定義所轄音標的 舌頭位置 和 頻率訊息。這兩者有明確 且 細緻的 一眾區隔在 教科書 [5] 上。若 粗略地講，上圖被分爲『上下前後』去 定性地描述音質料 之於 眾音標。其中『前』側即『左』側，即靠近嘴唇的 口腔部分；『後』側即『右』側，即靠喉嚨的 口腔部分；上下則分別地代表近口腔上方 和 下方的 部分群。左側的 邊界略有傾斜有其科學道理，並非指人的 嘴唇端爲傾斜的 形狀，而是考慮到需要修改幾個母音的 等距性而發生的 產物，咱不對其多論。

　　因爲咱並未清楚定義所涉頻率資料，所以讀者若是初次接觸這種圖，可能會比較直覺地用舌頭位置 去 想像 並 關聯該圖。

　　咱最熟悉的 音標群乃 位於 左右兩側，這挺合乎情理，因爲那些位置算是極端區 之於 舌頭 在 一般發音時，假設

不考慮那種把舌頭伸出來做鬼臉的 特殊情況一眾。（這裡再次強調，教科書[5] 裡説這些圖表位置之擺乃 不同於 單純的 舌頭位置之擺，而 牽涉了聽覺上的 品質，但 爲了簡化說明，咱暫時籠統地用單純的 一眾空間位置去描述）。咱稱那些有極端位置的 母音料 爲 cardinal vowels（俗稱'定位元音'）。

　　若 咱放日文的 單母音料（或稱單元音）到 同一 IPA 底盤上，則 咱可得下圖 1-22：

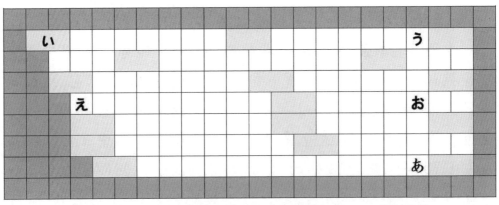

插圖 1-25　一眾近似位置 於 日文單元音料 在 IPA 空間底盤

　　在上圖裡，五音都很接近 cardinal 的 位置，在聽覺上給人一種少了中間音的 感覺，不易產生混淆，因爲發音位置都算 趨近於 前後極端處。日文當然並非一片空白 在 中間的 發音，只是通常是用'滑過'的 方法一眾 去 涮到中間音，即通過中間音 巡 一變化過程、而非一直定在中間像國文的『ㄦ』一般。比如日文的『や』（如 房屋 yakata）、或『ゆ』（如 慢慢的 yukuli）等就是從前方滑到後方的 音

料，即起點在一處、但 終點在另一處。稍後咱講双元音時會更明白。另外，當咱把這種底盤圖用 在 日文、中文、和英文時，咱僅標示近似位置，因爲這些匹配並非官方版本，且 大家口音 和 認知略有不同，故實際位置之摺會稍偏移。

　　國文的 單元音料多了些中間音料 如下圖 1-26 所示。比如剛談的 儿（兒）即一例。但這裡要程清一下，當咱標示一初調字 到 IPA 元音圖底盤時，咱其實讓該字轉調成一聲去 作圖。這是因爲二三四聲會造成頻率的 額外轉程，其不易被有效地反映 在 這類網格底盤圖上。

插圖 1-26　一衆近似位置 於 國文單元音料 在 IPA 空間底盤

　　上圖 1-26 裡，不只標了國字，還搭上了對應的 MLSB 數碼料。大家開始可見哲價值 於 使用數碼。相較下，楷體國字的 標定，就看起來擠成一團。咱稍後用拼筆 去 標定，大家一看就會覺得好過原字。所謂 MLSB 即『左序號*100＋右序號』。比如『誒』字，左序號 51 代表『言』、右序號 39 代表『矣』（本來序號 39 優先象徵 '禾'，但在双拼時

可藉由化簡規則去對應‘矣’），故，依定義可得其 MLSB
為：51*100 + 39 = 5139。

　　所謂 MLSB 代表 most to least significant block。即提
高左序號的 權重 到 100 倍 相對於 所屬權重 於 右序號。
這種編號方式有個好處是讓左右序號 去 直接依序靠攏拼接
就能成為一個整體的 號碼 予 搜尋 和 比較。其它的 編號法
和 相關內容將被展開於稍後的 1.6 節。（註：MLSB 的 命名並
不完美，請讀者不用糾結，知道算法即可）

　　上圖 1-26 的 初調字料，全都來自 於 第一候選表。當
該等字料被用在 IPA 底盤上時，咱忽略了它們的 調性。於
此過程，咱建立了 視覺化的 空間關係一擺 在 該底盤上 去
關聯 發音料 和 初調字料。這些空間關係不僅可純靠人力
去 追蹤，還可借助如 MLSB 的 數碼特徵 去 讓電腦分析。

　　此類方法能很直觀地標定出專屬的 發音特色一眾 予 各
語言。比如，讀者可利用練習 1.4~1.8 去 練習比較母音差異
介乎 國文 和 英文間，之後讀者就能用一標準的 底盤圖 去
說明哪些格子更常被國文造訪、哪些格子更常被英文光顧。

　　咱記得双拼轉調裡有『轉調』這個關鍵彙字（這裡筆
者用‘彙字’去表達所擇字組可對應一 或 多個英文字，
以避免錯覺 來自於 皙差異 在 咱稱詞 而 別人稱字這類事
情上）。該關鍵彙字表示音頻變化，其造成一個轉變的 過
程，簡稱轉程，所以咱取 countour 裡的 tour 去 參與混成造
字（portmanteau）。

　　但在一般常用的 母音料裡，即便只考慮一聲、不要求

音調像二三四聲般高低起伏，其實也常有一定程度的 轉程動作，其間不論舌頭位置 和 頻率都有變化。最顯著的 一類例子發生 在 所謂的双元音（dipthong）。比如下圖 1-27 就近似了一眾變化過程 予 4 種英文裡的 双元音料。其中大字體代表起點，小字體代表終點。在教科書裡，這種變化過程通常用箭頭 去 標示。咱這裡改用大小字體 去 標示只是換一種表達法 去又 方便數字化地記錄，像下西洋棋一樣標示一子的 所到之處。當然，該圖的 網格底盤相同 於 其在 原 IPA 母音圖 1-24。

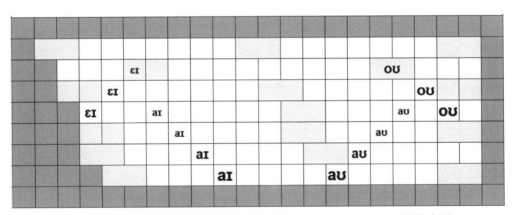

插圖 1-27　一眾連續變化位置 於 英文双元音料 在 IPA 空間底盤

　　上圖 1-27 會受到口音的 影響而改變。比如 /a/ 的 音，本來 在 圖 1-24 裡且 更接近左下角，但當 搭上其它發音料時，/a/ 的 起點就會產生變化。就好比咱要拆解『愛』的 發音，咱可能會爲了方便說它是『啊』和『易』的 結合，但實際上咱唸『愛』的 時候，並不會眞起音 於 如此靠後 如『啊』一般。

　　若用這類圖 去 鑑別，讀者就可能更顯微地觀察一個差異 介乎 tonal language 和 非 tonal language。比方國語，屬於 一種 tonal language，即使有圖 1-26 的 14 碼 去 對應 『一』字，且 該字只被標於一格內，但其四聲變化仍會造成不同的 音頻轉程一眾 從而 表達不同的 字義 ==> 這類訊息並未被標示 在 該圖內；英文則不用這種變化 去 改變字義。故，對英文而言，這類變化不需要被反應在圖上。

　　換言之，凸顯四聲聲調的 轉程資料並沒有被標示 在 下圖 1-28 裡，如同先前咱說 在 圖 1-26 裡，咱把每個初調字料都轉調成一聲 去 作圖一般。

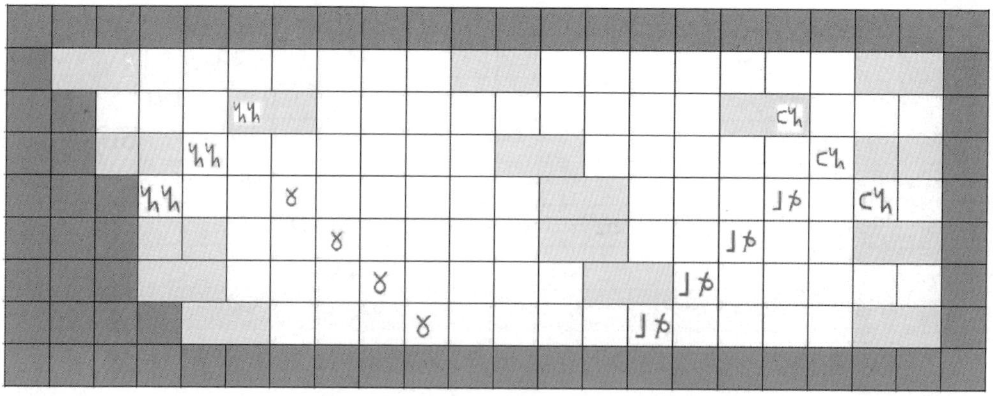

插圖 1-28　一眾連續變化位置 於 國文双元音料 �于 双疋字料 去 對照前圖 1-27

　　一轉程可稍變 於 國文 和 英文，即『ㄨ』和『ㄠ』的 發音起點會因口音 而 有前後差異，如上圖 1-28。這不難理解，因爲人們發音講究求便利輕快，若發音終點靠左，那他就容易讓發音起點也靠左些，如『ㄨ』；若發音終點靠右，那他就容易讓發音起點也靠右些，如『ㄠ』。至於多前多後

就看口音，只要不誇張 到 跑到 cardinal 的 位置區 而 讓別人分不出他講哪個字就行。

　　可見，若使用双拼字 去 做紀錄 在 元音底盤上，其空間利用能很類似 於 其在 IPA。若要數字化二元音料 到 該底盤上也是很直接的，如下圖 1-29 所示：

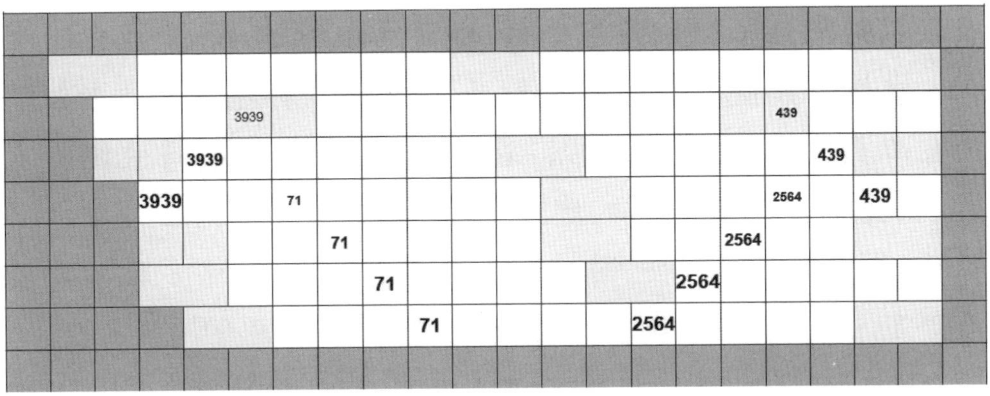

			3939												439					
		3939														439				
	3939			71										2564		439				
			71									2564								
				71						2564										
					71				2564											

插圖1-29　一衆連續變化位置 於 國文双元音料 搭 MLSB數碼料 去 對照前圖1-28

　　上圖 1-29 使用了 MLSB 的 編號原則。顯然地，若 論作圖 在 元音底盤，則 双拼字料不論搭配拼筆料 或 搭配數碼料都較原字更有彈性、好用、有脈絡可循。

　　至此，咱結合了兩套系統（双疋 和 外文），不只可助應用別人的 故事學問多款 到 咱的 語言，還可順便產生新的 故事學問一撮。

　　72 個單筆料 和 A.1 雖有不小的 體量，但當 其應用範圍擴大，双疋系統的 人口紅利將逐漸地顯現 並 相對地降低整體成本。

　　隨居 更多的 配套被完善後，咱的 音標料將可爲完全地

溯仁於 第一候選表 A.1。且 咱的 拼音系統將可爲子母音分拼 或 混拼（請參照下一章2.6節的『語音方法 伴 審思』）。

　　同時，咱也沒有摒棄舊的 注音定義系統，可說完全地相容舊系統，只是產生了新方法一摺。

　　咱可回想，有幾個國文教師講述相關內容 在 中小學？爲何少？是因爲題材太艱深嗎？恐怕應該是因爲文字內容本身不夠簡化，難以在有限的 時間內被傳達 給 學生吧。哪麼，双拼轉調直接幫老師們解決了這一眾問題。未來老師們就有工具 去 教授相關內容 在 中小學。比如小時候總有人講 game 這個英文字 卻 總是發音 成 /gɛm/；現在若拿初調字料 和 英文字料 去 同時放在元音底盤上對照，就不會發錯音了，/gɛɪm/ 的 双元轉程 就不會少掉一個 /ɪ/。

　　老師們可以直接把筆記鍵入試算表裡，不需使用手工藝術去畫一大堆圖，即使沒有軟體字集支援拼筆字料，老師們依舊可用數碼料 去 輸入。這可讓原先算小時的 功夫簡化到 算分鐘就能解決。

　　上述各元音圖都沒有表達子音料，也沒有表達調性轉程的 眾差異。但用該種圖的 底盤爲基礎 去 補強是很容易的。這類工具對戲劇科的 夥伴們應該很有用。比如，咱若想區分美式、英式、和 印度式英語，咱會著眼 於 母音、子音、和 轉程。若這些訊息能被圖形化，則學習 或 模仿將會非常容易。

　　舉個例說，有時『now』在美式英語裡聽起來像『鬧』，但 在印度式英語裡有時聽起來像『撓』。這差異

若用國文講就是不同的 調性；若 用元音圖講，就是有不同的 轉程。故，若把 眾主要差異都用某些方法 去 標記 在 元音圖的 底盤上，將很有利 於 記憶 和 分類。

讓學生學一個技巧，就能用其 到 所有語言，這才是咱努力的 方向。否則，即使學生做到了世界第一 在 某個技巧上，換一個項目又得重新學一套彼此不相容的 東西，那麼學習成本仍然會是別人的 倍數。咱要改善這個問題。

1.4.5 匹配 隨搭 誓週期表〔mapping with the periodic table〕

咱最終要設法運用双疋系統 到 所有的 學科之眾。

比如，若咱用下圖 1-30 的 双拼數碼料 去 表達眾元素於 週期表，則週期表的 眾元素可被初調字料 和 双拼字料表達如圖 1-31。

在 下圖 1-31 裡，淺底色的 初調字是 從匚於 第一候選表 A.1，深底色的初調字是 從匚於 第二候選表 A.2 或 其它選法。

下圖 1-31 讓使用者能用双拼字 去 做筆記 給 化學科目，相當方便。該表的 元素發音料僅在調性上有不同 相較於 傳統元素表之譜。比如『顷力那加如圾』作爲初調字取代了『氫鋰鈉鉀銣銫』。該兩者的 發音差別僅 在『力、加』分別用四聲 和 一聲，而『鋰、鉀』皆用三聲，但，各元素所屬音群不變。

承諸前文，每個化學元素都可被拼筆 怸于 少於 或 等於 兩個單筆。這種拼法的 缺點是沒有針對常用元素料 去

G1	G2	G3	G4	G5	G6	G7	G8	G9	G10	G11	G12	G13	G14	G15	G16	G17	G18
34 63																	11 72
64	62 7											2 2	61 1	52	32 65	58 3	29 63
45 49	8 57											66 49	50	11 49	29 5	41 42	42 12
64 65	7	57	25	3	32	18	64	32	46	33	42	52 46	45 9	36 36	52 2	5	55 57
58 65	67	67	31		39	72	2	46	43	36	11	25 66	67 66	52 55	42 52	56 12	49 52
62	42 57		25	11	65	51	62	2		46 46	41 43	28 56	47 13	54 44	13 39	25 68	21 13
26	72	2	64	30		13	12	39	65								

插圖 1-30　標示數碼料 給 双拼字 去 表達化學元素週期表

G1	G2	G3	G4	G5	G6	G7	G8	G9	G10	G11	G12	G13	G14	G15	G16	G17	G18
頃																	孩
力	圮											朋	毬	臽	颺	妇	迺
那	玫											部	夕	鄰	遒	律	亞
加	改	扛	颮	帆	戈	猛	鐵	孤	躃	銅	心	段	這	砷	习	休	可
如	絲	乙	稿	膩	木	跋	撂	絡	鈀	乏	鎘	印	錫	提	氐	瑱	山
圾	貝	拦	哈	坍	武	徠	蚵	衣	伯	斤	供	拓	千	似	仆	厄	动
法	肋	丫	催	和													

插圖 1-31　用双拼字料 去 助簡化紀錄方式 予 化學元素表 且 同時保留各元素的初調音

簡化,比如'碳'選序號 61,2 其來自『毯』、'氫'選序號 34,63 其來自『頃』、'氧'選序號 32,65 其來自『颺』,該三個楷體字皆需兩碼 去 表達,不利 於 有機化學。

但,只要使用者稍微變通,選 61 號左碼 或 2 號右碼 去 代表'碳'、選 34 號左碼 或 63 號右碼 去 代表'氫'、

選 32 號左碼 或 65 號右碼 去 代表‘氧’，則可以不發生重復 且 得到簡便 而 有理可循的 符號一眾，如下圖 1-32 所示：

碳(毯)氧(颸)
碳[毛]氧[風]
碳[白]氧[口]
或
氫(頊)氧(颸)
氫[匕]氧[風]
氫[西]氧[口]
或

插圖 1-32　示範表達 化學式兩種 于 單筆料

上圖 1-32 表示，雖然『碳氫氧』三字本來都各有兩碼於 所屬双拼字料，但咱可只取右碼料 或 只取左碼料 去簡化，只要不造成混淆 於 其它元素的 双拼字料。

前兩圖的 圖 1-31 有一優勢，即完全保留了所屬初調音予 各所擇元素名稱。比如大家看到『千』的 單筆就知道何爲『鉛』的 初調音；反之若看到 Pb，有些人可能要先愣一下才想起要發音 lead，且 可能甚至不知道該發長音 或 短音。

晢動機 去 製造諸圖表如圖 1-31、圖 1-32 是 在於 提供一套方案 去 讓學生能迅速地使用本國文字料 去 進行科學活動之譜 且 讓他們能獲得某些優勢 和 某些便利性。這雖不難，但若 無人提供現成方案，學生們通常不會自己設計整套系統。因此，這算是一個需要有人起頭的 工作。

　　當 筆者任全職電子工程師時，曾討論 到 銻化銦（或稱 銦銻化合物）偕伴 一眾同事，當時沒幾個人能順利地看著 InSb 就唸出 Indium Antimonide。尤其此時該兩字裡完全沒 有 S 和 b 的 影子 和 發音。恐怕，很多人連拼都拼不正確。 但若 用双拼字料 去 處理這些問題，則 既可精簡如英文， 又可讓使用者識別讀音，而 非僅僅是靠頭字去猜測 或 記憶 讀音。這有利於本國工程師們 去 討論、板書、和 精進。

1.5 諸應用 於 三體（APPLICATIONS OF THE TRINITY）

　　即使有了双拼轉調法 和 双乏字，它們的 前身仍有存在 的 價值。受調控的 拼筆字 和 傳統的 字典字（這裡暫用‘標 楷體’一詞去代表）各有其適用範圍，它們 和 双乏字各代 表一獨特的 優化頂點。因此三者在 本書被合稱三體。

　　三體（trinity）一詞本有宗教 和 大眾娛樂的 演繹層 次，但該等層次不屬 於 本書的 範圍。所欲 忐于 本書者是 在於 如何用不同的 優化方向 去 獲得效益 且 兼顧傳統的 成熟方法，從而 使三體的 各頂點都達穩定態 且 有基礎。

　　語文是經過時間淬煉的 產物，而新舊產物的 聯繫是哲 基礎 於 理解。因此咱雖用白話文 去 做官方語言，但學生 仍然學習古文 並 學習象形、指事、會意、形聲、轉注、假 借等基本的 舊漢字原理一眾。這就好像咱學數學雖然運用 了許多定理之眾 去 快速解題，但使用前仍會學習如何證明 該等定理 ==> 即雖多半只運用結果，但經常仍會走一遍證

明過程 去 理解其適用範圍一般。

　　双乏字也有類似的 角色，既是 溯亡於 受調控的 拼筆字 和 傳統的 標楷體，也是兩者的 意志代表，就像各民意代表是 來自 群眾 且 代表群眾，因此初調字料才會任職 於 諸候選表。

　　標楷體字料有大量的 歷史、文件、學理、和 群眾基礎，也經歷過標準化的 過程，是現成的 資源；受調控的 拼筆字料並不像標楷字料一般標準無爭議，但 因爲有筆劃壓縮的 特性 且 相似標楷字料，故 具有優勢 在 討論、溝通、板書、辨識、和 筆記上；双乏字料是經篩選修正的 終端產物 溯亡於 前兩者，據有優勢 在 電腦、打字機、速記、和 跨領域地域的 文化發展上。因此，以上三種字款可被表達 於 下圖 1-33 的 三個頂點 於 左側的 三角形，去 象徵同一套文字系統的 三個優化頂端，即咱先前所說的 '三體' 。

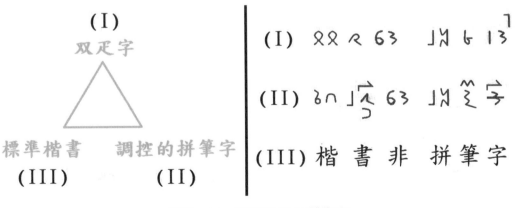

插圖 1-33　輔助圖予三體概念

　　上圖 1-33 的 右側則給出了三種字料。其中 (III) 最基

礎、大家都認得；(II) 看起來寫意，但大家左右對照也能看出這一眾代表何意；(I) 需要一些練習 和 熟悉度，但隨居其被熟悉後，使用者大概就不太會再用手寫楷書 去 做筆記了。（請參照 A.1 的 註解予其27項 去了解 '疋' 字）

　　有了上圖的 輔助，咱可以明顯地看出，雖然双疋字料最適合兼顧速記、電腦輸入、和機械打字，但若 不考慮最後者，則 調控的 拼筆字料（regulated pinby words）仍很有價值在剩下的 兩項任務。當筆者任全職 於 電子工程師職位時，筆者就開始運用 (II) 在 會議討論。它幫助筆者甚巨，讓筆者能兼顧板書 和 口述，且 不再有筆記跟不上討論的 狀況。結果，這套技能讓筆者能留有足夠的 精力 給 主要討論內容 和 其它工作。同時，因爲精簡，故用 (II) 進行板書 去 搭配口述能給聽眾俐落 和 從容不迫的 印象，無形之中加強了説服力。

　　若 想用電子軟體 去 進行轉換 介乎 哲三體系統 於 上圖 1-33，則 較簡單的 部分爲轉換 從匚於 標準楷書 到匚於其它兩者，因爲楷體的 形音義都有明確的 定義，且双疋字也有第一候選表 去 定義最優先對應者，這種優先對應的 表格也能被調控的 拼筆字效法 去 回應標楷體的 呼喚。

　　若改轉換起點 從匚於 調控的 拼筆字 到 其它兩款字體，則咱須多給軟體多一些資訊，其中包括足夠的 容錯碼，因爲一個調控的 拼筆字可能非唯一的 起點 到匚於 同一標楷字，或 因爲該起點本身有多個楷體終點其 溯匚於 化簡過程忽略了部分的 空間關係等等。

　　若改轉換起點 從匚於 双疋字 到 其它兩款字體，則咱需要讓軟體去了解常用詞字的 優先順序，才能避免‘便利’被轉成同音的‘遍歷’，或不讓‘變屬害’被轉成‘便利害’。

　　最後，軟體應給予使用者足夠的 調整能力，其包括允許選擇待調整字群 和 針對選擇區 去 提列調整選項等等。

　　換言之，在 三體圖中，若 所處初始頂點越抽象簡化，則 需越高的 智慧 去 將其轉換 到 其它頂點。不過，這些智慧規格對電腦來说，都不造成大負擔。無論如何，若 要發展双拼轉調，則 發展電腦軟體 去 做轉換予 三體將爲不可或缺的 開發工作。

　　在下一章，咱將完整地走一遍這些文字的 演化過程。巡當 咱回憶楷體字料有許多屬 於 形聲字類別時，咱就會覺得，若僅作爲聲符，那麼一個單字並無需那麼複雜的 筆劃群。且 既然形聲字料很多，那麼是否代表只要簡化聲符，就能簡化一眾文字呢？比如‘撕’爲何不能被寫成‘扌厶’或‘扌司’呢？ 若 這麼想，則 用初調字料轉調 成 別的字料也就不那麼奇怪了吧。咱注意到‘撕’之所以不同于‘斯’只在一個扌部，所以，是不是说，在一個字的 簡化過程裡，若 能保留部首，則 剩下的 部分可有很高的 自由度？ 咱待下一章再慢慢發掘這類一摝問題。現在，咱先量化第一候選表，去看些相關特徵。

1.6 諸統計 和 編程（STATISTICS & PROGRAMMING）

　　比較古代人 之於 現代人，後者多擁有了電腦工具一眾 去 做文字統計，比如試算表 或 語音輸入之類的。它們不只讓使用者輕鬆 於 搜尋、紀錄，還能讓使用者自定程序去 進行客製化的 一眾工作。想想若早年胡適先生手邊有電腦，那麼白話文運動肯定有另一番風貌，今天咱的 文字語言也肯定因此 而 有些不同。

1.6.1 諸統計 于 試算表〔statistics by spreadsheets〕

　　首先，筆者説明試算表如何幫助咱選字、整理、和 統計成效。筆者取一份舊的 試算表爲例 如 下圖 1-34 去 説明一系列評估整理過程 早先於 完成第一候選表前。

　　下圖 1-34 截圖 自 筆者的 一份舊試算表 在 ㄅ這個群組。讀者可見下圖的 Q 欄位『jy1』以下的 所有内容都是b，可知所有的 受評楷字料都用ㄅ 作 頭音料。『jy1、jy2、jy3』諸欄位分別代表第一、二、三個注音 予 所轄初調字料。注音的 編碼方式被列 於 圖 1-35。

行號	順位	字	第一	第二	三	四	五	筆數	LMSB5	MLSB5	jy1	jy2	jy3	聲調
1	1	八	15	16				2	1615	1.516E+09	b	8		1
2	2	爸	57	55				2	5557	5.755E+09	b	8		4
3		犮	3	29				2	2903	3.290E+08	b	6		1
4	1	伯	13	54				2	5413	1.354E+09	b	6		2
5		柏	43	54				2	5443	4.354E+09	b	6		2
6	1	白	54					1	54	5.400E+09	b	l		2
7		拜	40	41				2	4140	4.041E+09	b	l		4
8		北	33	34				2	3433	3.334E+09	b	a		3
9	1	貝	57					1	57	5.700E+09	b	a		4
10	2	包	11	55				2	5511	1.155E+09	b	#		1
11		宝	48	8				2	848	4.808E+09	b	#		3
12	1	抱	25	7				2	725	2.507E+09	b	#		4
13	1	卅	37					1	37	3.700E+09	b	3		4
14	2	办	64	16				2	1664	6.416E+09	b	3		4
15	1	本	43	14				2	1443	4.314E+09	b	&		3
16	2	笨	10	43				2	4310	1.043E+09	b	&		4
17	1	卩	49					1	49	4.900E+09	b	!		4
18		邦	40	49				2	4940	4.049E+09	b	!		1
19	2	崩	53	10				2	1053	5.310E+09	b	0		1
20	1	迸	29	37				2	3729	2.937E+09	b	0		4
21		逼	29	68				2	6829	2.968E+09	b	e		1
22	1	匕	34					1	34	3.400E+09	b	e		3
23		佖	13	5				2	513	1.305E+09	b	e		4
24	1	別	55	23				2	2355	5.523E+09	b	e	x	2
25		別	64	23				2	2364	6.423E+09	b	e	x	2
26	1	彪	32	11				2	1132	3.211E+09	b	e	#	1
27	2	表	8	47				2	4708	8.470E+08	b	e	#	3
28	1	边	29	35				2	3529	2.935E+09	b	e	3	1
29	2	卞	19	24				2	2419	1.924E+09	b	e	3	4
30		斌	42	46				2	4642	4.246E+09	b	e	&	1
31	1	彬	69	8				2	869	6.908E+09	b	e	&	3
32		兵	44	63				2	6344	4.463E+09	b	e	0	1
33	2	冰	37	4				2	437	3.704E+09	b	e	0	1
34	1	併	13	37				2	3713	1.337E+09	b	e	0	4
35	1	卜	24					1	24	2.400E+09	b	y		3
36	2	不	3	24				2	2403	3.240E+08	b	y		4

插圖 1-34　範例 於 運用試算表 去 整理選字 並 編碼 針對 注音ㄅ群

　　上圖 1-34 的 C 欄位的『字』以下即受評的 諸字，它們因爲能被双拼 而 獲選。若 B 欄位被標 1 則代表所轄字適合橫双拼、且被作爲首選；若 B 欄位爲 2 則代表所轄字適合

直双拼、或 横雙拼 但 被作爲次選。咱可見有些音群沒有直双拼，這説明筆者早期把精力優先花在完善横双拼 去又 先設法挑出一版第一候選表。咱還可見諸欄位英文字母料有不連續處，那是因爲筆者隱藏了一些欄位 以便去 説明重點。

　　上圖 1-34 的 F 欄位的『第一』以下資料爲單筆序號料 其作 第一碼號料；該等號料即左碼號料 對 横双拼字群言、或 爲上碼號料 對 直双拼字群言。G 欄位的『第二』以下資料爲單筆序號料 其作 第二碼號料；該等號料即右碼號料 對 横双拼字群言、或 爲下碼號料 對 直双拼字群言。

　　H、I、J 欄位下的『三、四、五』以下也循類似道理，但 因它們被專門地設計 給‘調控的 拼筆字群’且 咱現僅考慮双拼，故 該等欄位被留空。

　　上圖 1-34 的 O 欄位 和 P 欄位以下分別有 LMSB5 和 MLSB5 的 字樣，其下紀錄双疋碼號料 分別於 LMSB 格式和 MLSB 格式。如先前解釋圖 1-26 一般，<u>LMSB 代表 least to most significant block，其相反 於 MLSB 的 意義</u>。故，LMSB 意味提高右序號的 權重 到 100 倍 相對於 所屬權重於 左序號 然後相加。LMSB5 則代表用 LMSB 的 概念 去加權運算從左到右的 5 組序號，此時一空格代表該格的 碼號爲 0，其屬於高權重位數 且 不造成影響 於 結果。但在 MLSB5 的 眼中，這些 0 屬於低權重位數，其將不必要地拉高了結果的 總位數，因此筆者才會用 LMSB5 的 格式。

　　MLSB 格式就像拼直述句。若只考慮双拼時，左碼號 15 和 右碼號 16 讓 MLSB 一拼就變成 1516；LMSB 格式就

像拼倒裝句，左碼號 15 和 右碼號 16 讓 LMSB 一拼就變成 1615。大家核對一下上圖 1-34 的‘八’字那一列即可明白。

（註：圖 1-26 其實用了變通的 MLSB 記法，沒有使用補 0 的 動作。這是爲了能用總位數 去 反應總筆劃數，但那種編號方法對試算表來說需要較多的 步驟一眾。）

　　LMSB5 欄位很有助 於 搜尋檢查，且 其所得位數能反映總筆劃數 於 所擇拼筆字。比如若要檢查是否某選字的 拼筆方法重複 相對於 其它獲選字料，則用試算表 的搜尋功能 去 搜尋所轄 LMSB5 值 於 該拼筆字 遍循 整疊試算表即可找出此等重複的 衝突編號一摺，即便有數十張工作表之眾，咱也能很快地找到問題所在。這種便利是很重要 於 設計第一候選表。可以想像 當 上世紀電腦尚未誕生時，這等設計工作有多累人。

　　因爲手動鍵入資料容易造成錯誤，故，爲了防範，筆者會在同一張試算表內貼上對照表幾種 和 統計欄位幾種 去做爲監控輔助。

　　該監控輔助的 畫面通常包括三個部分 如下圖 1-35，其中左上部分爲注音對照碼 去 確保 jy1、jy2、jy3 欄位群能被紀錄 于 一致的 規格 在 圖 1-34；圖 1-35 的 下方爲單筆集圖表 去又 幫助心算檢驗是否號料有被正確地鍵入 到 圖 1-34 的 F、G 欄位。

　　下圖 1-35 的 右上方部分爲一眾統計訊息，其中 #1 的『總數』統計項指向了 36 在『公式輸出』欄位，其樣本來自 於 圖 1-34，表示該工作表選出了 36 個標楷字 去 進行觀

察。所有的『公式輸出』欄位格一眾都使用了巨集程序 去自動地統計 並 節省人力。

　　下圖 1-35 的 #2『首選數』指向 16，其表示有 16 個橫双拼字料被選出、且該等字料的 眾 B 欄位『順位』格被填 1 在 取樣圖 1-34。同理，下圖 1-35 的 #3『次選數』指出 有 9 個次選双拼字料被選出，且其『順位』格之眾被填 2 在 取樣圖 1-34。

注音	JY	注音	JY	注音	JY	注音	JY
ㄅ	b	ㄏ	h	ㄙ	s	ㄣ	&
ㄆ	p	ㄐ	9	ㄚ	8	ㄤ	!
ㄇ	m	ㄑ	7	ㄛ	6	ㄥ	0
ㄈ	f	ㄒ	c	ㄜ	2	ㄦ	r
ㄉ	d	ㄓ	j	ㄝ	x	ㄧ	e
ㄊ	t	ㄔ	w	ㄞ	i	ㄨ	y
ㄋ	n	ㄕ	v	ㄟ	a	ㄩ	u
ㄌ	l	ㄖ	q	ㄠ	#		
ㄍ	g	ㄗ	z	ㄡ	o		
ㄎ	k	ㄘ	4	ㄢ	3		

#	統計項	公式輸出
1	總數	36
2	首選數	16
3	次選數	9
4	均筆於首選	1.63
5	均筆於次選	2.00
6	均筆於全選	1.83
7	首選注音數	37
8	次選注音數	21
9	均數於首選音	2.31
10	均數於次選音	2.33
11	均筆於 全音	2.31
12	比於首選	0.70

插圖 1-35　監控用的 對照表 和 統計表 去 搭配上圖 1-34

上圖 1-35 的 #4『均筆於首選』指向 1.63，其表示首選的 橫拼字料平均地僅需 1.63 個單筆。這數字被用來對照相對花費 在 注音格式上，精確說，被用來對照 #9『均數於首選音』，其指向 2.31，表示該首選字料平均地需 2.31 個注音符號 去 標示音標。

該對照被量化 於 #12『比於首選』，其指向 0.7、反應了 1.63/2.31～0.7，<u>其代表首選的 橫拼字料節省了 30% 的符號數量 相較於 其注音表達法 循況於 不計入聲調符號的前提</u>。

讀者若拿 #7 去 除以 #2 作為 驗算，可得 37/16 = 2.31，即所屬由來於 #9 的 2.31。

有了這些統計，筆者就能一邊選字群一邊注意該群是否有足夠的 利潤 在 轉換拼音系統上。

隨屆ㄅ群～ㄩ群的資料都被鍵入 且 篩選完後，咱就能整理出第一候選表如 附錄 A.1 所示。但咱得先掌握一些統計結果，才能推論是否該等選擇合用。

首先咱當然想先了解，遍循於 72 個單筆料裡，是否每個都被運用到了 A.1、各用挨了幾次、會不會有些成員幾乎沒戲份？其次，若 咱真地抽樣 從ㄈ於 一兩本書 去 取得幾段文字，則 怎樣一摞的 數量分布將落 於 所涉單筆料 在 該等抽樣字料上、怎何而不同 於 其在 A.1 的 初調字料上？

然後，咱還希望借用別人的 統計結果，去 檢視一眾常用字，去 了解怎樣一摞的 統計改變發生 在 這一眾新樣本。

咱現逐一回答這些問題。咱取一組舊的 統計資料 關於

第一候選表 在 附錄 A.1，去 囊擴 395 字樣本 從匸於 完整的 397 字。（註：A.1 經歷了 一段更新過程 從 2023 春天 到 2023 秋天。在 2023 夏天時 A.1 有約 6% 的 双拼字未完全遵照 第二章的 諸拼筆規則，該佔比後來逐漸下降。本小節的 統計料使用該夏天的 版本 去 完成）

　　下圖 1-36 提供明確的 答案 給 首問 於 前段。其中上半部圖示保證了各單筆皆被運用了至少一次；下半部圖則顯示了運用次數 在 各族群算頗有差異。這有部分須歸因 於

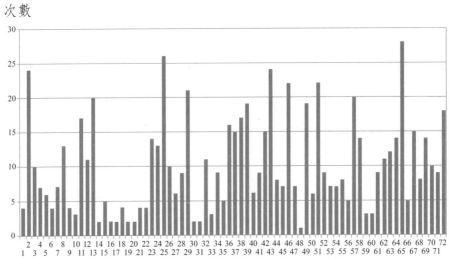

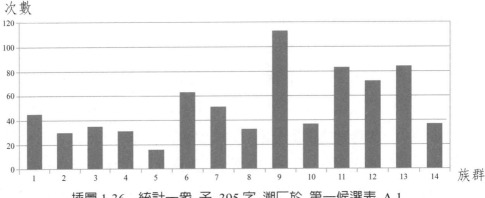

插圖 1-36　統計一衆 予 395 字 溯匸於 第一候選表 A.1

成員數不盡同 於 各組。若 讓所得次數 於 各組被除以組員數，則 將有較平均的 分布。在內於 圖 1-36 裡，最高頻的序號料爲 65、25、2、43、46、51、29，分別優先對應到『口、扌、月、木、戈、言、辶』等七種部首。但，該頻率是 溯匸於 2023 夏天版的 A.1，並非 溯匸於 抽樣的 文章。

　　所以，咱就接著抽樣眞實文章，做一輪新統計，去 對比其 較於在 候選表 A.1 本身。其中一段抽樣文字料被展示在 下圖 1-37。

	A	B	C	D	E	F	G	H	I	J	K
	0	1	2	3	4	5	6	7	8	9	10
2	#	word	1ˢᵗ	左	右		#	word	1ˢᵗ	左	右
3	1	現	仙	13	53		41	d			
4	2	今	斤	44			42	明	明	65	2
5	3	的	的	54	11		43	暗	誻	51	51
6	4	磁	此	18	34		44	d			
7	5	感	肝	2	41		45	和	和	39	65
8	6	測	測	53	23		46	輕	顛	34	63
9	7	器	祁	27	49		47	重	禾中	39	58
10	8	智	織	67	46		48	感	肝	2	41
11	9	慧	滙	26	4		49	覺	玨	8	8
12	10	大	打	25	45		50	傳	川	6	
13	11	增	贈	57	71		51	回	滙	26	4
14	12	c					52	大	打	25	45
15	13	就	糾	67	27		53	腦	腦	2	51
16	14	像	相	43	65		54	f			
17	15	一	一	14			55	數	术	15	72
18	16	種	禾中	39	58		56	位	唯	65	12
19	17	有	肏	67	64		57	電	顗	36	72
20	18	機	己	7			58	路	路	26	66
21	19	體	提	25	36		59	像	相	43	65
22	20	h					60	人	人	60	
23	21	類	肋	2	64		61	的	的	54	11
24	22	比	匕	34			62	中	禾中	39	58
25	23	前	千	21			63	樞	术	15	72
26	24	端	斲	34	44		64	神	屾	53	53
27	25	電	顗	36	72		65	經	阱	49	37
28	26	路	路	36	66		66	系	西	63	
29	27	像	相	43	65		67	統	桐	43	2
30	28	週	州	16	6		68	負	妇	58	3
31	29	邊	边	29	64		69	責	則	57	23
32	30	神	屾	53	53		70	編	边	29	64
33	31	經	阱	49	37		71	碼	傭	13	8
34	32	系	西	63			72	判	汼	26	48
35	33	統	桐	43	2		73	斲	斲	34	44
36	34	把	八	15	16		74	d			
37	35	人	人	60			75	記	己	7	
38	36	周	州	16	6		76	憶	一	14	
39	37	遭	遭	29	71		77	d			
40	38	的	的	54	11		78	和	和	39	65
41	39	冷	愣	24	36		79	下	峽	53	63
42	40	熟	熟	10	31		80	命	明	65	2

插圖 1-37　轉換一文字料片段 到 初調字料 去 進行統計

　　上圖 1-37 中 B 欄位『word』以下紀錄了所擇抽樣片段，其依序排列。其中英文字部分代表標點符號。咱替該欄找出對應的 初調字料 從匚於 A.1 並 記錄該等字料 到 C 欄位的『1st』下的 資料格之眾、並 記錄相關左右碼料 到 欄位 D、E 的 眾格內。

　　因此，B 欄位的『現今的磁感測器智慧大增』的 原字料就對應到 C 欄位的『仙斤的此肝測祁織滙打贈』的 初調字料。在完整的 抽樣過程裡，咱挑了兩本書[1][6]，並各取三段字料，每段有 80 字料，完整樣本在附錄 A.5。統計了該完整樣本後，咱得到下圖 1-38：

次數

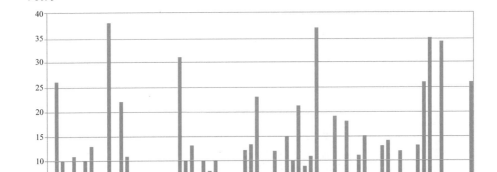

插圖 1-38*　統計料 溯匚於 抽樣文字料 從匚於 [1][6]

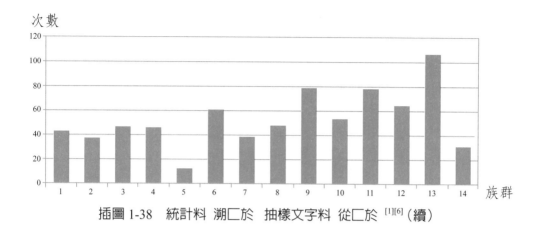

插圖 1-38　統計料 溯□於 抽樣文字料 從□於 [1][6] (續)

　　比較上圖 1-38 和 圖 1-36，咱發現兩者分布雖有差異，但整體重心兩處看起來挺相似，若 咱用族群作爲橫軸。而這回咱的 前七名 於 高頻序號料爲 11、46、65、67、23、2、64，分別優先對應到『了、戈、口、幺、十、月、力』等一眾，其中有三個也屬圖 1-36 的 前七名。目前看起來，候選表本身的 統計特性乃 相似於 其在 隨機抽樣。

　　咱接著引用別人的 統計資料 [7] 去 比對。該資料説最常用的 99 個國文字料依序爲『的、一、是、了、不、我、有...』。然後咱再次用 A.1 去 轉得 初調字料『的、一、十、了、卜、我、幼...』等一眾、記錄它們的 左右碼號料，隨後進行統計得下圖 1-39。

次數

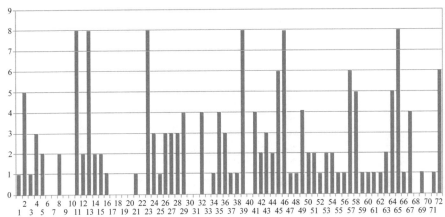

序號

次數

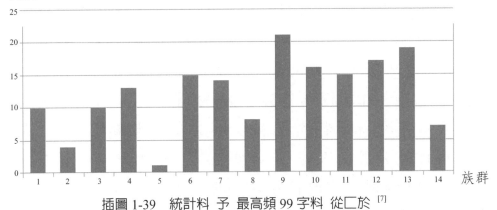

族群

插圖 1-39 統計料 予 最高頻 99 字料 從□於 [7]

　　大家可用試算表比較相關性 介乎圖 1-36、圖 1-38、和圖 1-39，可發現高的 相關性一眾。若 用族群分類、並運用所附相關函數 於 試算表 去 計量，則 有 0.76 相關 介乎圖 1-36 和 圖 1-38、有 0.83 相關 介乎圖 1-36 和 圖 1-39。

　　以上這些統計似乎告訴咱，<u>暫比重分布 予 一眾單筆在 第一候選表 A.1 很有關 於 該分布 在 實際使用上</u>。換言

之，咱看到兩種可能性：第一，咱可能可依照群組比重 在第一候選表 去 決定鍵盤配置，因爲最終的 應用比重 之於各族群 可能很類似皙比重 關於 第一候選表。第二，若咱改變第一候選表的 設計，咱可能可以改變應用比重 於 各族群 去又 改善效率 在 鍵盤配置。

鍵盤的 布局有著決定性的 作用 在 最終 的 實用性上。雖然咱可以用統計 去 分析某字 或 某族的 出現頻率，但是，最終的 布局還要考慮其它的 事項。其中一個關鍵的 項目就是『怎如何咱記憶了這 72 個單筆料？』。

回想眾英文字母，因爲 符號數目少，故 咱即使打散它們、不分組地硬記也還行，但 單筆集可能就不是這種情況。至少，筆者自己常透過回想族群表圖 1-15 去 記憶推算任一單筆的 序號，從而不需眞看表也能心算出每個單筆的序號料。

這表示，爲了記憶這一眾符號，咱可能已經先建立了一個類似鍵盤布局的 圖形 在 腦中，而 該布局圖形是建立 怘于 分類筆劃，而非建立 怘于 出現頻率。

其將不甚合理，若 僅爲反映使用頻率 而去 完全打散原先的 分組圖。因爲這將變 成 每遇一新的 任務就設計一套新的 系統。故，筆者目前猜想，應該是在大原則上遵照 14 組的 分類 去 規劃鍵盤，然後 選小地方 去 做修改可能會比較合理。

若考慮本節前幾批的 統計料、並又考慮同組的 單筆料最好能彼此相鄰 去 方便記憶，咱可嘗試下圖 1-40 的 規劃

方式 在 平常的 一款鍵盤上 去 滿足前兩種考慮：

		F1	F2	F3	F4	F5	F6	F7	F8	F9	F10	F11	F12
~	1	2	3	4	5	6	7	8	9	0	符	符=	BKS
TAB	Q	W	E	R	T	Y	U	I	O	P	[	]	Enter
Cap	A	S	D	F	G	H	J	K	L	;	'	\	
Shift	Z	X	C	V	B	N	M	,	.	/		Shift	
Ctrl	Win	ALT			space			ALT	Win	右鍵選單		Ctrl	

		十四				四					五		F12
轉調	六	七	八	九	十	十一	十二	十三	一	二	三		BKS
													Enter
													Shift
	Shift			space			Win	右鍵選單				Ctrl	

		70	71	72	13	14	15	16	17	18	19	20	F12
23	23	27	33	37(41)	45	49(53)	57(61)	64	1	5	10	21	BKS
47	24	28	34	38(42)	46	50(54)	58(62)	65	2	6	11	22	Enter
71	25	29	35	39(43)	47	51(55)	59(63)	66	3	7	12	9	
19	26	30	36	40(44)	48	52(56)	60	67	4	8		Shift	
65	Shift	31	32		space		69	68	Win	右鍵選單		Ctrl	

插圖 1-40　一種規劃示意圖 從 一般鍵盤 到 支援單筆集的 鍵盤

　　上圖 1-40 的 上方部分爲哲配置 在 筆者自己的 一般電腦鍵盤上；中央圖形爲假設的 單筆族群規劃 於 該一般鍵盤；下方圖形給出序號配置 去 實現中央圖的 規劃。其中，FJ 部分代表所在位置 仁於 打字定位鍵。同族群的 單筆集被放在同底色塊内。

　　上圖 1-40 的 規劃省略了一些細節比如 escape 鍵 和 稍微錯位的 一眾相對位置 ，但不妨礙咱說明概念。首先，若依族群 去 記憶位置，則一眾像海的 零散位置能被濃縮整

理到有秩序且好記的少數整體區塊一摺。其次，統計圖 1-36、1-38、1-39 告訴咱第五族明顯地少出現，因此咱把它打包到右上的偏遠角落。最後，第 9、11、12 族成員眾多但一般鍵盤位置有限，故用 shift 鍵搭配去達成一鍵兩碼功能，如英文大小寫同鍵一般。

　　咱採取了一種折衷的辦法去迎合一款平常的鍵盤結構，並小部份地修改 space bar 鍵，把它從 5 個鍵寬變成了 3 個鍵寬以便多釋放出兩個鍵位來。其它還有許多細節可被優化，比如，轉調鍵極常被使用，若位於 spacebar 的兩邊下方會更好，但這就牽涉到大幅改變一般鍵盤。

　　確實，最理想的情況是，有專用的鍵盤去支援單筆集。不過至少，目前看起來這一系列的工作能有一合理的起頭。

　　下圖 1-41 舉例一修圖結果予鐵道博物館展示的鍵盤。該圖給出一概念於怎多大一摺面積會伴隨於 72 鍵以上的配置。筆者聯絡鐵道博物館並向它申請了許可去刊登修圖的照片。在下圖 1-41 裡，左下角方框內圍著 75 個鍵。那一摺鍵本來標示著驛站名一眾。該一摺鍵位若改標籤給單筆集，其實也不佔太多空間。雖然數量有點多，但落在可行範圍內。

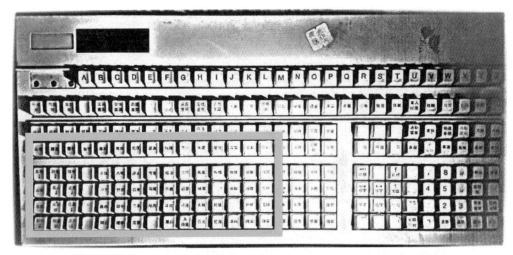

插圖 1-41　鐵道系統用的 舊式鍵盤 去 選擇車站（展於鐵道博物館）

　　最終的 諸般應用仍然需要更大量的 統計資料 去 支援，但，本節的 各種說明告訴咱，現代電腦能讓一般文科生也具有能力 去 處理海量的 資訊，並讓他們用該能力 去做出合理的 猜測 於 未來的 方向。

1.6.2 支援電腦語言〔support computer languages〕

　　第一章鋪陳至此，說明了用單筆集 搭 双拼轉調可實現功能一眾包括簡化‘國文字母’到 僅 72 個 去又 讓國文輸入法達成諸多功能 如所鍵即所得、直接匹配英文字母、直接匹配阿拉伯數字、更匹配週期表符號、甚至具有很簡單的數字編碼方式。

　　既然適應性這麼好，双疋系統沒有理由不能擔任電腦程式語言的 媒介吧，尤其双拼轉調可讓國文拼音不更複雜 較於 外文。若 循此理說，則 基本上任何程式語言應該都可被

沒有違和地轉換 到 國文系統吧。咱用下圖 1-42 舉例一段電腦程式碼，左側爲一般英文代碼、右側爲對應的 拼筆模仿，去 說明這事能成：

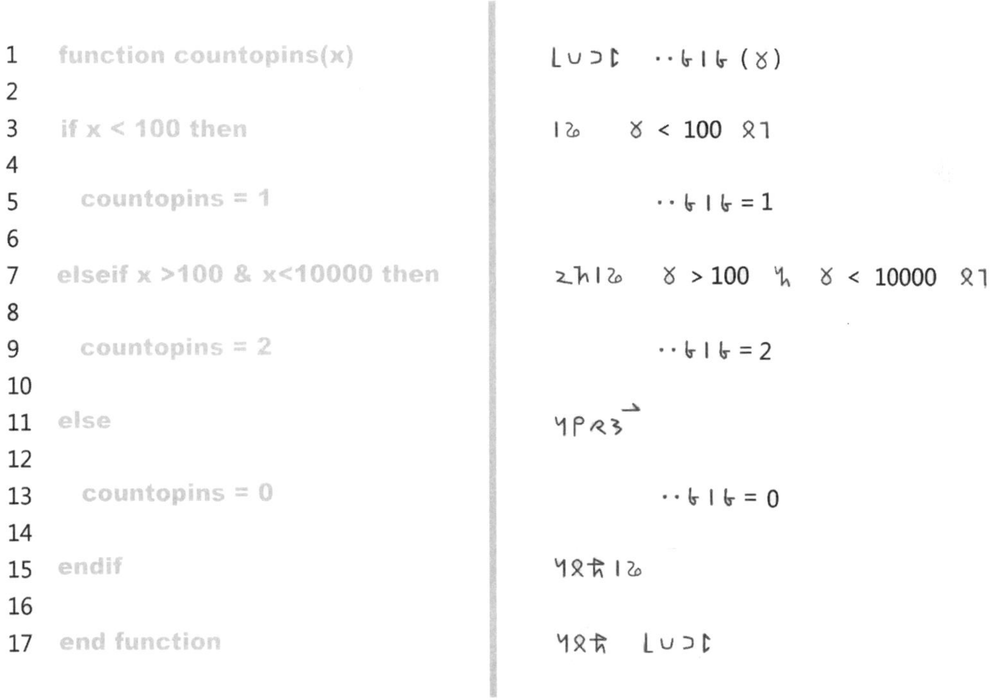

```
1    function countopins(x)                    ∪ɔ  ··ㄑㄑ (ɣ)
2
3    if x < 100 then                           ㄈ    ɣ < 100 ㄡㄣ
4
5        countopins = 1                              ··ㄑㄑ = 1
6
7    elseif x >100 & x<10000 then              ㄓㄈ   ɣ > 100 ㄣ  ɣ < 10000 ㄡㄣ
8
9        countopins = 2                              ··ㄑㄑ = 2
10
11   else                                      ㄐㄖㄥ
12
13       countopins = 0                              ··ㄑㄑ = 0
14
15   endif                                     ㄢㄈㄈ
16
17   end function                              ㄢㄈ  ∪ɔ
```

插圖 1-42　對照圖 給 一衆電腦程式指令 分別辶于 傳統寫法 和 双疋寫法

　　上圖 1-42 的 拼筆格式乃 溯匚於第一候選表 A.1 和 第二後選表 A.2。咱稍後展示純用第一候選表 去 完成。現在先解釋上圖由來。

　　在上圖 1-42 裡，function 被對應 到 發音‘函式’，其用『涵式』去 作爲初調字組 去 双拼連接；countopins 對應 到 發音‘算筆劃’，其用『蒜匕化』作爲初調字組 去 双拼

連接；if 被 對 應 到 發音‘若’，其用『偌』作爲初調字 去 双拼；then 對應 到 發音‘則’，其用『則』字本身 去 双拼；elseif 被 對 應 到 發音‘還若’，其用『還偌』作爲初調字組 去 双拼連接；else 對 應 到 發音‘其它’，其用『祁跁』作爲初調字組 去 双拼連接；endif 對 應 到 發音‘收於若’，其用『收於偌』作爲初調字組 去 双拼連接；end 對 應 到 發音‘收於’，其用『收於』本身作爲初調字組 去 双拼連接。

　　上圖 1-42 裡有很多值得思考的 模仿重點。雖然 在 字母數上，拼筆的 版本確實 少於 原文版本，但 這並非唯一的 重點。首先，大家可注意到，當咱用『祁跁』去發音‘其它’時，咱本來並不需轉調，但 咱還是多加了一個轉一聲的 調號，這不改變原調性。

　　難道是多此一舉？當然不是，這是因爲咱在模仿時，注意到了字母數不同 介於 if、elseif、else、endif 等指令關鍵字料，了解到了利用拼字長短變化 去 幫助區隔諸指令，因此，咱故意多加了一個轉調號讓‘其它’這指令有 5 個單筆料，去區隔 4 個單筆料的『還偌』。這裡『還』唸ㄏㄨㄢˊ，表達一種籃板球的 味道，即上一球沒進下一球再補的口吻（本來是可用‘否則若’，但 咱考慮 到於 原語法後面還有一個『則』在 句尾，咱覺得此時用‘否則若’＋‘則’就有點累贅）。

　　其次，咱使用了‘收於’這個詞去模仿 end，而不用‘結束、完畢、停止’等常用對應方法，這是因爲 end 是單音節字，有優勢，且在 模仿時，咱希望保留這個優勢，但 又要

能順口。所以咱用‘收於’去 讓最後兩個母音可成爲一滑動的 多元音，同時保留諸優勢如單音節 和 三個字母的 簡潔。

憑藉以上的 模仿，大家應可發現，要用双轉技巧 去 保留外文優勢 且 同時兼顧本國文字的 特徵是完全可被達成的。咱一行一行地對照了一摺代碼，其中 除了‘祁跋’這個部分有點特殊，剩下的 都明顯地相當方便。甚至從計算機檔案的 角度上看，這樣的 程式檔案可以更小巧。讀者會不會已經躍躍欲試想要協助開發相關的 程式語言了呢？

註：上圖 1-42 的 程式碼被筆者直接用 在 試算表裡幫助進行統計 去 分辨一個拼筆字到底是只有一筆劃 或是 有兩筆劃。讀者只要回顧圖 1-34 就會明白。隨屆 讀者自行簡單地修改該片段後，式夊的 片段就能被用 來分析‘調控的拼筆字’。看到這裡，讀者一定會覺得，中文系 和 外文系的 人們好像將多了一眾任務 於 未來吧。

最後，咱比較只用 A.1 相較於 混用 A.1 及 A.2 去 完成圖 1-42 的 程式碼 於 下圖 1-43。其中圖左側僅引用 A.1，圖右側相同 於 上圖 1-42 右側，其同時引用 A.1 及 A.2 兩候選表之譜。

```
                                                       ＿
                                                       81
1    ЧO٦  ··bib (8)                  ∟Uɔ匚  ··bib (8)
2
3    ЗЗ    8 < 100  8ٱ               I2    8 < 100  8ٱ
4
5           ··bib = 1                       ··bib = 1
6
7    zhЗЗ  8 >100  Ⴗ  8 < 10000  8ٱ  zhI2  8 >100  Ⴗ  8 < 10000  8ٱ
8
9           ··bib = 2                       ··bib = 2
10
11   ЧРR3→                           ЧРR3→
12
13          ··bib = 0                       ··bib = 0
14
15   」ᵗ ЗЗ                           Ч2ᵗ I2
16
17   」ᵗ ЧO٦                          Ч2ᵗ ∟Uɔ匚
```

插圖 1-43　比較只引用第一候選表 A.1 和 同時引用 A.1 及 A.2 給 同一款程式碼

　　單就美感論，上圖左右可謂各有千秋，其取捨純看開發者心態。

1.7 歸結 於 本章（SUMMARY OF THIS CHAPTER）

　　在早於 歸結本章內容前，咱想用另一種方法 去 講歷史。咱在前著[1] 裡曾提到，咱可透過尋找專利 去 發掘文化內容。咱現在就一起這麼做，然後 大家就會發現本章前面所講的 內容就是在幫文化播種，同時長新的 枝芽之眾。

　　首先，請大家用 Espacenet 或 其它的 網路專利蒐尋器多款，並 鍵入 US2613795A，去 標示專利號，然後 搜尋進

一步內容。大家可在該專利的 Fig.3 見到一個組看起來像玉米桶的 機械。該專利的 作者被屬名 爲 林雨堂先生的 英文名。大家可想像，若照這種結構 去 收納一堆打印頭予 國文字群，並 要涵蓋幾千個國文字料，則 怎多少成本將爲所需予 量產？怎樣的 挑戰 將被面對？

然後，大家再開個分頁 在 網頁瀏覽器上，並 使用[8]的 網址，看看裡頭的 一些內容，看看在 19 世紀末大家如何思考打字的 一眾問題。

最後，請大家再開個分頁 在 網頁瀏覽器上，再次開啓網路專利蒐尋器，並鍵入 US1025089 去 作爲專利號。大家可以看看，單單爲了簡單的 幾十個英文字料的 鍵盤，一個打字機需要有多麼複雜的 機構。甚至，大家可以直接看樂高的 玩具打字機，觀察裡頭需要多少元件料。

講這些的 目的在告訴讀者們，乍看上去，好像問題的 難點是 在於 機械結構，但 實際上，最大的 問題是 在於 文字料本身的 建構方式。當一種建構方式沒有被足夠地單純化，它的 後續發展就受到了限制，無論多聰明的 人背負這種限制 去 迭代產品，其應用也很難有效地擴展。傳言林語堂先生當年爲了設計一個國文打字機付出了極高的 代價。但 那些概念最後仍未能被廣爲使用。這也是其中一原因 之於 爲何至今幾代的 人們幾乎都沒有使用過國文打字機，更不用提閩南文打字機。

結果，某些文化的 受光面就無法有效地向外增長，直到新的 種子在別處落下，長出新的 枝葉，才有更大的 發展

可能。對於很多文字來說，既然沒有打字機的 基礎，那咱很簡單地聯想即可猜測其大概也不太會有電腦的 基礎。於是文化產品的 迭代差異就迅速拉大。也可以想像在未來，有些語言甚至會因此消失。有些系統的 低消實在太高，一眼望去就能看到它的 物理上限。

今天咱雖然有電腦國文輸入法，不必使用打字機，但，在早於 足夠地進一步優化前，它的 物理上限一樣是清晰可見。

好比用腳踏車 去 追摩托車，即使在市區裡一時趕上了，到了大馬路時再次看不見車尾燈也只會是時間的 問題。因此咱的 文化工作不該是頭痛醫頭腳痛醫腳的 考量。

本章內容乍看好像只能改善國文系統，但實則不然。若讀者能理解這個新系統，再搭配後續的 諸章節，讀者將能更理解外文系統、將能更好更快地學習外文。這一層意義是很大的，因爲，它會讓讀者求學階段的 東西都變成可用的資產一眾，讓讀者避免 於 雖然學生時代學一套，但 成年入職場時用另一套的 浪費。咱將循此思路用下兩章 去 一邊改善國文，一邊了解外文的 諸多構造方式，並在 兩者間建立通用的 道理一摺 去 同時地幫助兩者。

咱現回顧一下 咱都說了啥 在 本節之前：

1.1 節揭開了双拼轉調的 面紗，讓大家初次看到改良的中文發音輸入可以相當精簡、整齊、所鍵即所得、像是英文打字一般。

1.2 節說明晰流程 於其 造就本書第一候選表 A.1 和 初

調字 去 作爲拼音基礎，以使用双拼轉調技巧 去 達成前一節所要求的 精簡、還允許使用者依偏好 去 修改；單筆集是皆基礎 於 双拼轉調。

1.3 節説明雖然第一候選表的 双拼字皆爲橫双拼組態，但直双拼也有其應用價值 和 時機，只要使用者用新的 候選表 去 記錄，且保持一狀態 於其 沒有重複字出現 介乎 諸初調字間。

1.4 節給出注音 予 單筆集、讓單筆集能合適地匹配 到英文字母、阿拉伯數字、日文字母，並 讓双拼字能被合適地匹配 到 週期表、被用 到 IPA 的 元音圖表上，使得一套系統能被用 來 學習多種領域。

1.5 節用三體 去 申論新舊文體 並 指出舊文體 和 新文體都有合適的 場合多款 予 應用。

1.6 節用双足字料 去 模仿一般常見的 電腦程式段落，展現出充分的 彈性 去 保留原文優勢且 帶入新的 優勢。

咱要解釋一下，爲何咱要用單筆集去匹配那麼多東西。這並非只是亂槍打鳥然後希望運氣好一劍多鵰，而是有成本上的 考量。

打個比方説，爲何咱的 大眾交通工具群不是海量的 轎車一眾，而是較少量的 公車群 或 眾捷運車？這是因爲 當運量大時，公車 或 捷運車這一撮大車的 綜合成本較低，這些成本包括油料、市容、維護、工作岡位等等。若 沒有運量需求，比如一輛公車僅載一兩人，則 這個交通設計就不合成本。同理，爲克服國文難題 而 設計的 單筆集有著72

個單筆料的 巨大體量。相較於 英文的 26 個字母料、俄文的 33 個字母料，單筆集好比一台公車 且 其它字母集就像一摺箱型車。若不增加單筆集的 功能 或 運量，那麼整體平均成本將難以被攤掉。因此，本章才會運用單筆集的 多符號特點 去 匹配語言多款 和 功能多款，用降低整體成本 去 抵銷單一方面的 成本，發揮人口紅利。筆者認為，用單筆集搭双拼轉調 再 加上子音擴充 和 後面章節將提到的 姿態調整，就好比能充分地利用大運量的 特色 去 降低語文資訊上的 通勤成本。

歷史上，我國政府也考慮過針對文字 去 進行簡化。不過因為諸多理由，其沒有持續。今天，咱用單筆集 和 双拼轉調 去 突破了舊坎，故，未來人們可不再糾結 於 從前的困境，且 思考的 角度也可從『很累地追趕』去 變成『興奮地探險』，從讀舊歷史 去 變成製造新歷史。這種氛圍改變於 文化是很有助健康的。

咱在 [3] 裡曾說『双拼轉調法並不限制使用者如何設計第一候選表，也不限制使用者如何設計單筆集 或 編碼方式。甚至，双拼轉調也不限制候選表數量。使用者可依喜好追加到 第 N 候選表，只要拼法不重複即可』。這樣的 高自由度，是著眼 忑於 引發 並 汲取創作 和 參與能量。這種自由度能避免太多格式限制 於 開發過程，讓每一小步的 進展，都能造成實質效果。

習題CH1（EXERCISE CH1）

練習 1.1 {using the 1st table of candidates}

　　(A) 請模仿下圖左的 表格，去 填寫下圖右的 表格。其中『1st』欄位收納所屬初調字料 於其 乃源 自 第一候選表A.1；欄位『左』收納左碼料 予 所屬初調字料；欄位『右』收納右碼料 予 所屬初調字料。

　　(B) 承上題，請運用所得初調字料 和 左右碼料，並查詢單筆集，去 寫出各双足字料 予 眾原字 匸於 下圖右的 表格。

原字	1st	左	右
有	幼	67	64
個	戈	46	
笑	小	59	
話	化	13	34
形	行	41	70
容	戎	61	46
一	一	14	
個	戈	46	
人	人	60	
唱	厂	17	
歌	戈	46	
有	幼	67	64
多	哆	69	50
難	又佳	57	12
聽	听	65	44

原字	1st	左	右
這			
個			
人			
歌			
聲			
實			
在			
令			
人			
敬			
而			
遠			
之			

$：本練習旨在幫助理解如何運用試算表、第一候選表、和 單筆集去幫助練
　習使用双拼轉調。練習文句出 自 [6]。

練習 1.2 {addressing by heart}

　　(A) 請寫出所轄單筆群 給 第 4、8、12、17、22、26、
32、36、44、48、56、63、69、72 等單筆序號料。

　　(B) 請寫出序號料 給 單筆一撇 於其 分別對應以下
的 楷體原字『白、心、爪、亻、上、十、礻、才、爿、寸
（丁）、卩（阝）、貝、力、于』

　　(C) 請寫出序號料 給 單筆一撇 於其 分別對應以下的
楷體原字『乂、石、土、艮、衣、木、刀、乙、扌、千、
丶、了、己、工』

$：本練習旨在幫助記憶定位筆劃 以便 之後使用者能靠回憶各族群首尾附
　近的 字料去幫助限縮序號的 搜尋範圍 給 剩下的 單筆料。

練習 1.3 {association by part}

　　(A) 選某一族單筆料，逐一寫出各成員，且搭配地寫出
各所轄優先楷體原字。

　　(B) 承上，針對 各擇定單筆 於 上題，各選一額外單筆
去 匹配 去 得一拼筆字。類似地，寫出 各所轄楷體原字 予
各該拼筆字。

$：本練習旨在幫助連結單筆料 到 所轄原楷體字 以便之後使用者能建立規
　律 去 拼出拼筆字 給 任何楷體原字。

練習 1.4 {english vowels in IPA vowel space}

　　請標定所涉母音料 在 IPA 母音空間底盤上 分別 給 如
下英文 {beat、bed、bad、fit、but、book、moose、mop}

$：本練習旨在幫助用 IPA 空間底盤 去 分類發音 給 含不同單元音料的 英文字料、爲練習 1.5 做準備。讀者可先閱讀練習 1.5 去了解本練習的 目的

練習 1.5 {english dipthongs in IPA vowel space}

　　請給出英文字一眾，去反應如下三圖的 各種双元音料，比如：用 name、my、about、boat 去反映下圖的 四種双元音料。可假設 ə 後跟著英文子音 r 去方便答題。

一眾連續變化位置 於 四種英文双元音 在 IPA空間底盤

			ɛɪ								oʊ				
		ɛɪ										oʊ			
	ɛɪ			aɪ						aʊ		oʊ			
					aɪ					aʊ					
						aɪ				aʊ					
					aɪ			aʊ							

一眾連續變化位置 於 三種英文双元音 在 IPA空間底盤

		ɪə	eɪ	ɪə	eɪ						ʊə				
					eɪ	ɪə	eɪ			ʊə					
ɛə	ɛə	ɛə	ɛə	ɛə	ɛə	ɛə	ɛə	ɛə	eɪ	ʊə					

一眾連續變化位置　於　兩種英文双元音　在　IPA空間底盤

	yu	yu	yu	yu	yu	yu	yu	yu	yu	yu		yu	yu	yu	yu	yu	yu	yu	yu
				ɔɪ	ɔɪ	ɔɪ	ɔɪ	ɔɪ	ɔɪ	ɔɪ									
										ɔɪ	ɔɪ	ɔɪ							
													ɔɪ	ɔɪ	ɔɪ	ɔɪ			

$：本練習旨在幫助關聯 母音位置一眾 和 相關英文字料 在 IPA 底盤圖上。

練習 1.6 {JY dipthongs in IPA vowel space}

(A) 請仿照練習 1.5，標定位置給四個双元音料ㄞ、ㄟ、ㄠ、ㄡ在 IPA 元音底盤圖上。

(B) 請問下圖能否回答 (A) 小題？

(C) 呈上題，若用初調字料 去 對應，如何重畫下圖？

一眾連續變化位置　於　四種注音双元音　在　IPA空間底盤

				ㄟ											ㄡ		
			ㄟ												ㄡ		
		ㄟ		ㄞ									ㄠ		ㄡ		
			ㄞ										ㄠ				
				ㄞ								ㄠ					
					ㄞ						ㄠ						

$：本練習旨在運用 IPA 元音圖底盤 去 幫助分類注音。讀者可對照本章的
　　圖 1-22 和 圖 1-24 去 複習對照。

練習 1.7　{categorizing JY vowels}

　　(A) 請用左手食指輕壓著鼻孔，且用右手食指輕壓著聲
帶，替元音一眾 於 注音 去 發音，依序先針對 {ㄚ、ㄛ、
ㄜ、ㄝ} 為 第一組、{ㄞ、ㄟ、ㄠ、ㄡ} 為 第二組、{ㄢ、
ㄣ、ㄤ、ㄥ} 為 第三組、{ㄦㄧㄨㄩ} 為 第四組。然後，
説有何差異 介乎 這四組間。

　　(B) 為了明顯區隔，請做同樣的 手指感測，針對英文字
母 S 和 F 去 發音，然後説出有何差異 之於 (A) 小題。

$：本練習旨在幫助用觸感 去 區分單元音、双元音、單元音搭鼻音子音等。
　　也旨在幫助區分口腔子音 和 鼻音子音的 差別。練習時讀者可特別注意
　　何處有震動、強弱如何。

練習 1.8　{further categorization in JYs}

　　(A) 請回想 {ㄓㄔㄕㄖ} 一組成員各自差異是 在 何處。
是否 若 將四者拉長音、則數秒後都聽起來都一樣？此時子
音特色已衰減完畢，何處應為滯留區 予 滯留的 母音料 在
IPA 的 母音底盤圖上？請問這組有哪個成員可被稱為純粹
的 母音？

　　(B) 請回想 {ㄗㄘㄙ} 一組成員各自差異在何處。是否
若 將三者拉長音、則 數秒後都聽起來一樣？此時子音特色
已衰減完畢，何處應為滯留區 予 滯留的 母音料 在 IPA 的
母音底盤圖上？請問是否這組有成員能被稱為純粹的 母音？

$：練習 1.4～練習 1.8 旨在提供國文教師教材，讓教師 在 未來上課可用
　　IPA 元音圖底盤 去 分析發音方法。

文獻目錄

1: 吳樂先 [磁感測器與類比積體電路原理與應用] 2022 書 ISBN 978-626-343-261-1 五南出版社

2: 專利案 112115795 發明 I829586 號

3: 吳樂先 [www.danby.tw] 2022 網頁

4: 陳國弘 [國語字典] 2014 書 ISBN 957203401-4 東采出版社

5: Peter Ladefoged [a course in phonetics] 1993 書 ISBN 0-15-500913-3

6: 江漢聲 [江漢聲的音樂處方簽] 2001 書 ISBN 957-13-3333-6

7: 原作者名未知 [https://pair.nknu.edu.tw/literacy/UploadFile/News/201712291806/教育部字庫 5021 字 .pdf] 國立高雄師範大學網頁的 pdf 檔 給出常用 99 字

8: [http://www.malling-hansen.org/the-writing-ball.html] 網頁

9: Alistair Burls 的 credit 在 istock 網頁 [istockphoto.com/hk/ 照片 /yellow-nose-albatross-gm1436423002-477467417] 網頁被參考，然後被修圖去做成部分 於封面

第二章

詳論單筆 和 拼筆

　　所擇設計 於 單筆集有一個前題 ==> 必須能減少文字筆劃數量。雖然每一法 之於 永字八法都可做爲單筆集成員，但，若單筆集只有該八法，則中文字料依然如舊，無法獲得壓縮 於 筆劃數量。

　　若要壓縮筆劃量，最直覺 的 出發點是簡化部首，比如才、亻、忄、辶、攵、月 … 等等。若讓每個常用部首都變成一筆劃，那至少大部分的 字都可節省一兩筆 或 兩三筆。故，一開始單筆集歷經了一個掂量的 過程 在 分配負責範圍 — 哪個單筆負責對應哪些部首 或 筆劃群 等等。

　　單筆集的 設計最初分成兩步驟。第一步先依轉折結構多款 去 定義常用的 單筆料 作爲 單筆集；第二步是匹配單筆料 到 相應的 一眾部首或 筆劃群 去 達成較大程度的 壓縮 於 總筆劃數。

　　該前兩步驟可憑藉上一章 去 說明。本章開始，咱要講述接手的 眾程序 在 双疋流程的 中段 和 末段。

2.1 編排符號 和 化名（EDITING SYMBOLS & ALIASES）

　　咱現回憶哲流程圖 之於 双拼轉調，並開始增述細節 予流程圖 的 中段 和 末段。首先，本節強調大框部分 於 下圖 2-1。然後咱思考 關於 施工層面，就單純一人之力去考量，想一個問題：若咱已有了單筆集、字典、轉碼表、和轉碼規則，咱該如何產生、紀錄、並保存原始的 拼筆字料呢？

　　這問題若落在民初的 學生們身上，則大概多數人會回答：對著字典依序地選常用字，然後 依轉碼規則 去 轉字，最後抄錄該等轉字結果 於 一個冊子上。筆者一開始也是如此，期待藉此過程 去 理解轉字的 難度、是否需增補單筆集、和 是否有機會進一步地簡化等一眾事項。

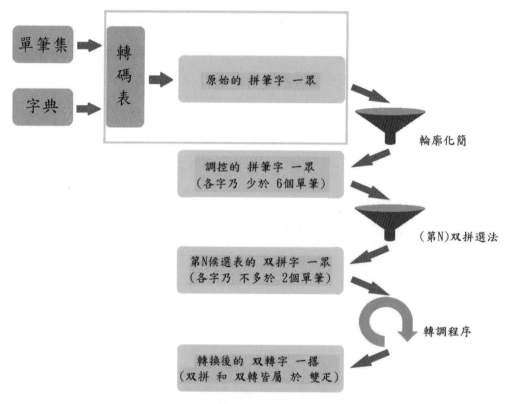

插圖 2-1　框出重點 予本小節 在 双疋流程上

　　爲了理解這一過程，筆者登錄了三十本家庭作業簿 子 原始的 拼筆字一眾，從ㄅ群一路登錄到ㄑ群。該眾簿子如下圖 2-2 所示。

　　然後，筆者就領悟到了容錯性的 重要 和 相應的 龐大的 所需人工。然後，爲了解決這些問題，才考慮三體的 應用、考慮利用數字化編碼 去 委托電腦處理搜尋 和 排序任務。

註：現代的 電腦編輯 和 記憶能力，有利著作的 編寫 和 排版，使其不需依循傳統的 由底層向上的 寫作順序。也許因此，舊時代的 各教科書一般在內容上都有大量鋪陳 在先於 進入主要應用之前。用筆者的 經驗說，若 缺乏工具輔助，任意地改變內容順序將令作者難以追蹤 和 衛接前後文。這類困難可被現代電腦工具之摺克服。

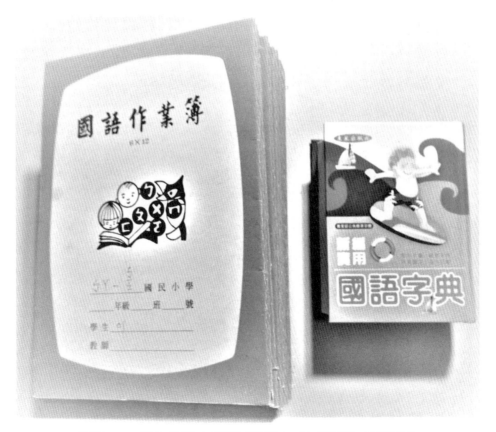

插圖 2-2　用作業簿 去 記錄 拼筆字一衆 溯匚於 所擇字典

　　若攤開其中一頁 於 紀錄巜群的 那本冊子，咱可看到
紀錄內容 如 下圖 2-3。其中，每個原字都對應了幾種不同
的 拼法多款，如，『賅』字底下有個方框 於其 標示了三種
拼法，若 用數碼 去 對應各拼筆組則 分別爲『57、19、39；
57、19、27、2； 57、19、27、28』，該三種組合是 在
下方於 該方框。其中，最適用者爲第一種組合 {57、19、
39}，因此其對應拼筆上被筆者標了一個星號，作爲預設。
相對説，其它剩下的 兩種組合就被稱爲化名（alias）摺款，
去 讓電腦進行容錯處理。本來，若『賅』字參考左邊『該』
字的 拼法，則 還會有更多的 化名。但筆者當時的 主要目
的是 在於 觀察主要的 拼字手段 和 選擇之眾，並不求最大
化的 覆蓋。該覆蓋可待日後 去 完善。

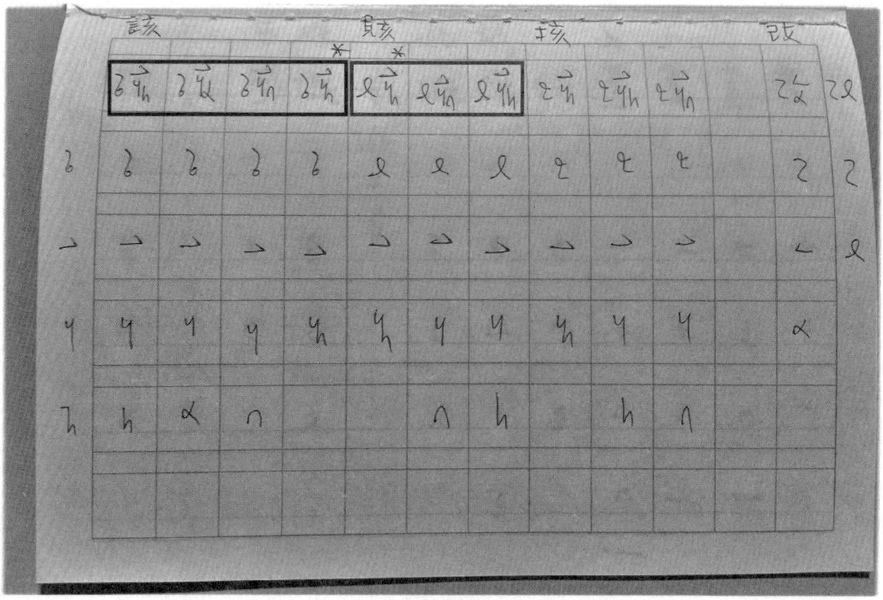

插圖 2-3　其中一頁 在 作業簿 於其 記錄著容錯拼法多款 給 原始的 拼筆字料 針
　　　　對 巜群

在 轉字 和 記錄的 過程中，筆者發現，多數的 常用字料，其實都能被簡化到五個單筆料以內。咱看上圖就可預測，只要單筆集被恰當地定義，很多字料是可被拼湊 忒于 少數單筆料的。這讓咱充滿信心。因爲，在 尚未更簡化前，原始的 各拼筆字就已能組成 忒于 稀少的 單筆料。若更簡化，就很有機會完成打字機式輸入的 任務。該種簡化，作爲一關鍵步驟，將被介紹 於 接下來的 眾小節。

2.1.1 調控的 拼筆字〔regulated pinby words〕

受調控的 拼筆字款有類似行草的 功能。這裡説的，比較像孫過庭的 行草，不是張旭的 狂草。孫過庭的 書譜[4] 認爲，在他的 年代裡，行書最爲重要 在 官場 和 日常生活、而楷書最爲重要 在 題榜刻石。這點就好比調控的 拼筆字款較適合一般筆記 或 簽呈的 手寫部分，而 楷書適合被用在公告的 公文內文一般。

咱舉例 隨搭 一段草體文字 從匚於 [4]。該段對應楷體字料 於『若思通楷則，少不如老；學成規矩，老不如少』，且 被轉字形 在 下圖 2-4，其中有一小片段未被轉出，因該小片段被做了記號：

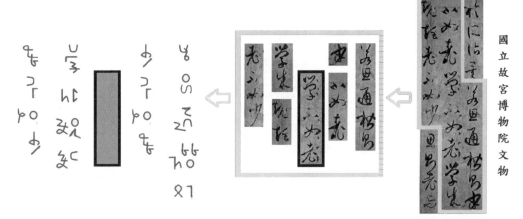

插圖 2-4　對照書譜[4][5] 的 片段 和 其調控的 拼筆字料的　一款版本 匚於 多款可能

該段文字的 意思被解釋 成[5]『說到深入思考，精研法則，少年是比不上老人家的；但學好一般的 規矩，老年又比不上少年了。』（註：此片段截自網路[4]，且 右側起第一、二行最上端有破損，但 可用後文 去 推敲出。故宮有展出書譜的 電子文檔，但 筆者並未見到該文的 實體。歡迎讀者考證。上圖的 目的是 在於 說明拼筆的好處 和 相似處 之於 行草。）

上圖 2-4 右側爲原行草，左側爲受轉譯的 調控的 拼筆字一眾 於其 在本例中任一字都是組成 忒于 少於 4 個單筆料、但在『若、老、規』三字裡有重疊筆劃摺款。咱可見，這一眾拼筆字料，有顯著的 彎曲特性 其非常類似 於 一種行草的 風格。楷書裡的 筆劃多種，在 行草 和 拼筆裡都常被濃縮成一筆劃，且 所涉的 手段摺款都經常是用一弧形筆劃去替代筆劃一眾。

但，拼筆有一眾特點不同 於 行草，那就是，拼筆的 界

定 之於 筆劃摺款是明確的、數量可以是確定的、且 各單筆
的 相對大小 和 角度可以是固定的。即是說，這些單筆集可
以是模組化的。這不同 於 行書藝術 於其 一種筆劃有不同
的 處理角度 和 尺寸之眾 在 不同的 字料 和 位置摺款上，
比如上圖 2-4 的『老』和『少』兩者被行草表現起來就有不
同的 長度 和 連法之眾 對於 各別的 那一撇 。

　　故，掌握拼筆字摺款更容易 較於 掌握草書，因為只要
練習好那 72 種單筆料，剩下的 組合就像堆樂高，不須額外
扭曲尺寸 循 不同情況。

　　孫過庭說 [4]『草以點畫為性情，使轉為形質，草乖使
轉，不能成字』。這被翻譯 [5] 作‘草書的 神采寄託 在 點畫
之中，它的 形體由轉折 來 體現。草書的 使轉寫不好，不
叫草書’。

　　這個問題是 肇因於 草書轉折的 方法摺款沒有絕對標
準，而所謂神采則是因目標 和 思路 而 異。單筆集 和 硬筆
的 運用解決了該等問題，不會因為諸差異 於 停留力道 和
時間 而 產生應變的 差異摺款 於 字料。比如‘之’的 單筆
有一眾關鍵特徵不同 於‘又’，不會因為草起來就混淆。
這是因為各單筆劃有明確的 折角數定義。

　　並不是說單筆集不能再被藝術化，而是說，單筆集有決
定性的 特徵料 去 分辨筆劃摺款、該過程不須鄰近 的 其它
摺款 去 幫助辨識。

2.2 輪廓簡化（OUTLINE/COUNTOUR REGRESSION）

　　這節內容著實重要，因為輪廓簡化是皆基礎 於 製造双拼字料。隨居 該基礎被講完後，咱再回頭說明何以『輪廓』兩字是表述 挨怣於 OUTLINE 和 COUNTOUR 兩字 在 本節標題上。

　　下圖左側顯示兩種過程 於 輪廓簡化 予 同一款字『砸』。上者先轉碼再簡化，下者先簡化再轉碼，異曲同工。若咱把該砸字拆解成『石、匚、巾』，則每一成分都能對應到一單筆，且 其中對應 '巾' 者原則上被三面圍繞，即被 '匚' 字從上、左、下圍繞，符合輪廓簡化原則的 第一原則，即被三面圍繞 或 四面圍繞的 眾筆劃可被選擇性地省略，只要所屬字的 簡化結果不重複 於 任一其它結果溯匚於 其它的 中文原字料。因此該砸字最後只剩『石』和『匚』被拼筆結果反映，且 該結果最終只有兩個單筆。

　　同理，下圖右側呈現寫法兩種 予『選』字，其上方那列可以略去『己』一個、其封口筆劃兩個、和 一個『共』。因為該等筆劃摺款 有被三面包圍，故，最後只剩一個『辶』和 一個『己』被留下，然後 各對應一個單筆；下方那列的『選』字則展現另一種拼法，即僅僅用輪廓原則 去 省略『共』字，而 剩下的 部分 在『辶』之外者因為對應 到 重複的 單筆（55 號）兩個，且 左右並排，故咱運用單筆集的重複記號（69 號）去 取代。

插圖 2-5　一眾圖例 去 說明輪廓簡化原則

　　少數的 其它中文原字料也可能取得相同的 化簡結果 之 於 上圖。比如'邁'字，可以先被簡化成辶、十、十，然 後再用拼筆轉碼就得到同理 於 上圖 2-5 右下角的 結果。因 此，若要用 29、69 兩碼去代表'選'字，就不應該用該兩 碼去代表'邁'字，這是 肇因於 第一原則的 規範 在 輪廓 化簡上。

　　又比如'退'字可被雙拼 於 29、55 兩單筆碼料，其本 也可被指定給'選'字。但經過計較後，該兩碼在意義上更 適合前者，因此圖 2-5 才會使用其它一摺拼法 給'選'字。 換言之，該輪廓簡化原則強調了'受調控的 拼筆字'不可 用一拼筆 去 綁定多原字，就編碼言。

　　上圖 2-5 裏的 每個字最後都只剩兩個單筆料，可是它 們的 原字『砸』和『選』原來各有筆劃數 11 和 15。可以 說，該兩路的 壓縮比兩款皆 大於 5：1 針對 筆劃數言，此 亦皙根本原因 於 何以拼筆字款適合被用 於 筆記 - 因其強 大的 筆劃壓縮能力 和 妥善的 部首保留。這也告訴咱，其 實本來根本就不需要那麼多筆劃摺款，若咱只是想辨別那些 字料。只要輪廓眾摺包含足夠訊息，它們就能代表 並 區隔

對應字料。這有如傍晚看地平線剪影，雖分不清房屋細節，但大家仍能清楚辨別哪個是 101 大樓一樣 [1]。

關於如何算四面包圍、如何算三面包圍 予 一眾筆劃，其實也是有些彈性的，因爲國文筆劃並非只有直橫兩種，也有斜線存在。比如'艮'字裡，最後兩筆的 撇和捺的 摺款都消失在簡化過程裡，最後整個字只剩下一個 55 號單筆去代表。讀者可以想象無論是向上、向左、或向下移動，該撇和 捺都會撞到其它筆劃，只有向右移動時不會。因此咱說該兩筆劃被三面包圍，從而得到其可被省略的 結論。這有點像規定哪些海域算公海，哪些海域算內海，若 要完全避免爭議，就 得訂很仔細的 一摺規範，但即便如此，也會存在著一些奇特的 現象。諸多細節其實不在本節的 第一原則規範內。該第一原則比較像一個大原則，而 細節的 修訂被使用 來 完善此大原則。

這也像法律裡有憲法、法律、命令等不同層級的 規範一樣。在 上個例子裡，咱定義的 三個包圍面其實是上左下三個方向上的 阻擋結構，但咱把它算成三個包圍面，就是一種細節方法 去 認定大原則裡的 三個包圍面。若 認定方法不同，將 可導致簡化結果不同。拼筆設計者可藉由不同的 認定規則群 去 獲得一些造字彈性。

第一候選表裡有幾個字也是運用了前述的 包圍認定細節去產生的，比如『桁』字 和『拗』字。'桁'字 於 第一候選表只用序號 43、70 去 對應其左右兩側，並省略了中間的『彳』，因此沒有第 41 號單筆。雖然咱說'彳'若向

上方移動會撞到木字 且 向左右會撞到兩側，但其實向上運動時只會撞到一點點，而且 若 換個字體 可能就 不會撞到了。顯然地，有額外的 原因撂款使咱願意認定‘桁’字可援引輪廓簡化原則 去 移除‘彳’。

　　該額外原因就是『厂ㄥˊ』這個發音沒有簡單的 初調字，除了‘恆’以外。這裡說的 簡單是指化簡步驟少的、方法明顯的、双拼的 一撂歷程；且 一來‘恆’字的 双拼的 左碼爲‘忄’部、有點違和 於‘橫’這類的 概念，二來 其双拼的 右碼不論用哪個都容易混淆其它成員之撂 在 第一候選表裡。相反地，用『木』部去表達『恆久』或『橫樑』的概念之譜並沒有違和感。

　　而 同樣屬‘木’部，『橫』字，可能要省略‘二’字、‘田’字、還要利用將在稍後被介紹的 連筆技巧，才能得到一個双拼字，其所得結果可能不易被區別 相對於 其它的諸双拼字料。

　　相較論，『桁』字的 化簡步驟就很簡單，只要拿掉一個彳字就行了，剩下的 諸部分都可被直接轉碼。

　　這裡透露了一個選字的 訣竅 ==> 選擇那些違和感低的、包容力強的，將有利 於 閱讀。因此，雖然向上受阻好像只是擦到邊，咱就不客氣地宣稱‘彳’在‘桁’字裡被三面包圍 並 以此爲由把它消化掉了。

　　第一候選表裡載錄了‘扬’字也用同一個道理。另一方面，隨屆 簡化後，‘桁’和‘扬’的 部首都被保存了下，而 它們個別的 右側碼也很有會意功能，因此，咱就允許這

兩字用擦邊球的 方式進入了第一候選表。這就是皙好處 在利用彈性 於 包圍認定的 細節。

至於四面包圍的 例子，也是很多，比如‘日、目、曰、四、田、回、國、園、團、因、固、圖...’等等等等，被化簡後都可以只剩一個序號 65 的 單筆。這就好像一座古城被拿走了城內所有的 建築物，只留下了一摺城牆。

那麼，要如何表達發音予『口、回、國』這些簡化後都剩同一款城牆的 字料呢？第一候選表告訴咱可以用『口、滙、过』去 做双拼轉調 而 得所求。換言之，双拼轉調避免了糾結 在 凸顯輪廓內的 細節摺款，而 改用有不同輪廓的同音群字料 去 替該音群作代表。

就好比咱想給兩個外型 去 分別標示 200cc 和 400cc 的兩種摩托車（猶如想區分 ㄎㄡ 和 ㄍㄨㄛ 兩個音群），咱可用 BMW200 去 對照 BMW400，但該兩者的 差異 不勝於 用 BMW200 去 對照 ADIVA400，因爲後者有三輪特徵且 前者沒有。若用圖形 去 比喻，下圖 2-6 告訴咱，若用『口、过』去 作爲初調字料，則 更有輪廓優勢 較於『口、國』這組。

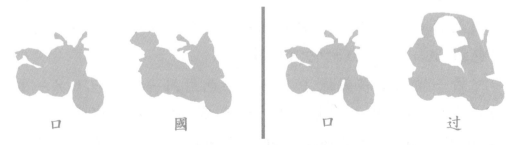

口　　　　　國　　　　口　　　　过

插圖 2-6　用輪廓 之於 不同排氣量的 機車摺款 去 比喻選字策略 予 初調字候選者一衆

　　本節標題説輪廓簡化，部分也有如一溯源過程 從匚於 探究整個城市 到匚於 只專注分析 城牆，就如同考據很多古文明的 遺址史料一般。雖然城内的 人事物皆已消失，但僅憑城牆些許，大家仍能判斷所具規模、生活型態 於 一些城市摺款 在 其活躍年代。這也像咱畫素描時，先把人臉的 橢圓位置勾勒出來、描邊軀幹四肢用的 定位方塊 和 梯形之摺、然後再填入眾細節。因此本節標題用了 OUTLINE 和 COUNTOUR 兩字 去 描述輪廓，前者是比較生活化的 講法一款，就好像素描描邊定位、剪影輪廓描邊，如下圖 2-7 所示。後者是比較科普文教的 講法一款，除了 表達登山用的等高線之譜（封閉的 城牆從上頭看就很像一摺等高線）、還間接表達輪廓之摺、但不只如此。

插圖 2-7　比喻輪廓化簡概念 又于 輪廓描邊 於 台北燈會[8] 街頭藝術

　　COUNTOUR 可以指一種歷程轉變的 紀錄，不只是指彎曲 於 等高線輪廓、還可以指轉折歷程 於 聲調變化。所以，所涉歷程 於 COUNTOUR 可以是純空間的 描邊，也可以是含時間概念的 連續記錄。本節標題裡還有個字 RE-GRESSION，其也是一款科普文教的 講法，一般有回歸、簡化、趨近 到 特徵值的 諸概念，在本文的 應用裡，有點返璞歸眞的 味道。返璞歸眞不同 於 單純的 功能退化（degra-dation），可能反而指一摺去蕪存菁的 行爲，因此，本文用 regression 一字去表達簡化概念。

註：在 專利案 [2] 裡，雖然通篇幾乎都用國文，但在 其簡介欄裡，筆者必須依常規寫入一段英文註解 去 概述發明內容。當牽涉到『双拼字』和『双轉字』的 翻譯時，有多個因素被考慮到。最終，前者用『pair-gauged countour word』、後者用『pair-gauged detour word』。該處 countour 對照 detour 去 表達一個原始的 歷程 和 一個改道的 歷程（即轉調歷程）。咱可以簡稱該兩種字分別爲 PGC 和 PGD。咱能發現，outline 一字雖能描述輪廓、但不易描述轉調，而用 countour 不僅兩者皆可，還可共用字尾 偕同與 detour，算是一種時空雙修的 組合表達。

2.3 連筆 和 輪廓近似（BUTTING & OUTLINE APPROX）

2.3.1 兩劃變一劃〔two strokes in one〕

　　有時，兩個單筆擺設起來很像另一個單筆，只差些微的 連接就可形成一個新的 輪廓 於其 可只用一個單筆 去 簡單地表達。比如在『僧』字裡，本來日上方的『四』字可被抹去 於 一摺輪廓簡化過程，留下序號 13、1、65 的 三個單

筆碼。此時，若第 1、65 兩碼被擺得上下很靠近到碰（butt-ing）在一起，它們的 輪廓組就類似序號 71 的 單筆；若 此時紙面被拉遠，則 第 1、65 兩碼就會像被沾在一起一般，猶如咱去做視力測試時，分不清眾小字的 缺口擺款在哪個方向一樣。因此，咱就認定，這種沾連筆劃的 作法保有相似性，可被用在二次簡化 或 多次簡化上。這也是爲何第 71 碼的 部首筆劃對照圖 1-5 裡有『曾』這個字，且 並非被放在最優先順位，表示 當 狀況是 在 發生輪廓簡化 去 削掉 '四' 時，才有這種沾黏的 擇定可行性。此碰靠沾黏的 一類手段被稱作『連筆』。如下圖 2-8 左半所示。

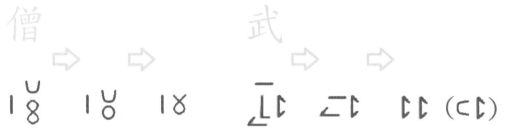

插圖 2-8　輪廓化簡 和 連筆兩步驟 分別予 '僧' 和 '武' 兩字

在 上圖 2-8 裡，『武』字也用輪廓簡化 隨伴 連筆 去得兩個 46 碼。一開始該字只被輪廓近似簡化 成 序號 14、18、46 的 三碼，其中第 14、18 兩碼的 對應筆劃可被沾連成序號 4 或 46 的 一個單筆。考慮到 '武' 字本來就有刀槍林立的 味道，且 被沾黏的 兩單筆非弧形，故最後選 46 碼『戈』爲所擇沾黏結果、讓這個字成爲有最多武器的 一員在 第一候選表裡，方便記憶。若 所擇沾黏結果爲 4 號的 弧

形，則 可得拼筆字一款 如 上圖括弧內所示。

　　這種連筆概念在古時的 行草就已經很常見。咱再次舉個故宮文物的 例子如下圖 2-9：

翻譯 和 增補

無緣言面為嘆。書何能悉。

方復及此。似夢中語耶。

為逸民之懷久矣。

吾前東粗足作。

示復數字。

即日得足下書為慰。先書已

十七日先書。郗司馬未去。

國立故宮博物院文物修圖

插圖 2-9　用故宮文物 去 說明古人的 連筆應用

　　上圖 2-9 的 上方有原文翻譯，下方毛筆字爲原文。其中，被標 A 者吻合輪廓原則讓『復』字的『日』字消失，並 將 該 '日' 字上下方筆劃用一筆劃 去 連起 而 作爲該字的 右半邊。若 用操作單筆集 去 類比，則 可視爲連接兩單筆料 於其 序號各爲 18 和 60。但 進行該連接後不構成任一成員 於 原單筆集內，故調控的 拼筆字款不循此法 去 拼筆 '復' 字。

　　同理，在 上圖 2-9 內，B 對應到『此』字，其也發揮了類似輪廓原則的 效果，省略了一豎 在 匕左邊，然後只留一個點 去 代表被包圍 而 省略的 那一豎。在 調控的 拼筆字款裡，那一點也可被省略，使得最後只剩序號 18、34 的 兩單筆料。

　　古人也下了不少簡化功夫 於 多筆劃的 字群，只是，這些功夫並無明文的 簡單規律，所以有點自由心證 而 變成了一種藝術的 感覺。比如，上圖 2-9 的 z 代表『能』字，其左邊被簡化成『子』，右邊被簡化成『匕』，就類似咱的 初調字，但 輪廓上不如咱的 初調字類似原字；在 第一候選表裡，'能' 字被對應 到 44 號左碼（匹配 '斤'）和 34 號右碼（匹配 '匕'）。咱的 拼法更像 '能' 較於 上圖 2-9 的 z，因爲咱有運用一個明確的 輪廓規則。相較之下，該 z 反而看起來比較像 '孔' 或 '訛'。

　　又比如，上圖 2-9 的 y 代表『緣』字，被作者用一個如一撇的 筆劃 去 搭橋連接兩個如序號 11 的 單筆料（匹配 '了'）。但該一撇連筆結果不構成任一成員 在 單筆集

內，因此調控的 拼筆字款並不認可種連法。若用標準的 双拼簡化程序，輪廓簡化會 在 左側留下序號 67 的 單筆（匹配‘幺’），還有序號第 42 的 單筆（匹配‘又’）在 右側。

　　在上兩段的 眾例子中，咱可見，雖然該 zy 裡的‘能’和‘緣’都有類似‘子’的 筆劃在左半邊，但它們代表著不同的 兩種原筆劃之摺。更甚者，若大家看上圖 2-9 的 1 和 2 部分，本來左半側都應該對應到‘亻’，但兩處寫法卻不一樣，其中 1 有兩個折角，但 2 只有一個。這說明古人的 簡化方法摺款看似隨興所至，即使是單純的 同一種左半特徵，也可能被寫成不同款的 符號之譜。咱認可古人努力 去縮一個十五劃的‘緣’到 一個三劃的 行草字。但身爲現代人，咱更進一步用轉碼表、輪廓簡化原則、和 第一候選表去 讓這些技巧能被標準化、並 普 及 到 更廣的 群眾範圍。

　　下圖 2-10 展示數款化簡程序，其中包括錯誤的 連筆幾款 和 被允許的 連筆幾款，去 呼應前幾段的 內容。

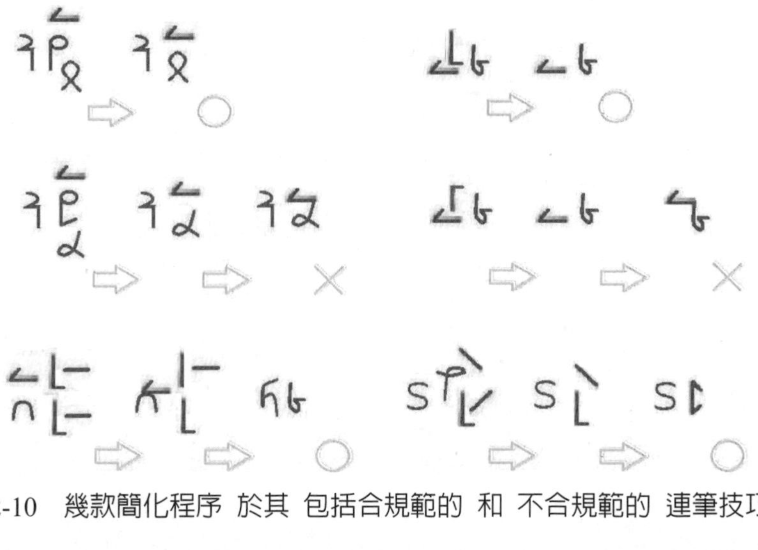

插圖 2-10　幾款簡化程序 於其 包括合規範的 和 不合規範的 連筆技巧多種

上圖 2-10 的 左上是一種輪廓簡化程序 予『復』字，其合乎輪廓簡化原則；下圖左中是另一種簡化程序 予‘復’字，但 只在第一步合乎輪廓簡化原則、而 在第二步違反了該原則，因爲其最終右碼不存在 於 單筆集內。

上圖 2-10 的 右上 和 右中則針對『此』字 而 同理地有合規則 和 違反規則的 區別。其中違反規則的 原因也是用了違規的 連筆技巧。

上圖 2-10 的 左下 和 右下展示了合規範的 一眾簡化 和連筆技巧之擺 予『能』字 和『珑』字，其中所涉一眾拆字法雖然很隨興，但符合規範，因爲最終左右碼都是 在 單筆集內、簡化過程都符合輪廓原則 和 合規範的 連筆方式、且初始的 拆字轉碼也都確實能一一對應原字料的 筆劃之眾。

雖然連筆可以被多次運用 於 同一字去獲得所需結果，但，一般情況下咱會盡可能少用連筆 去 簡化。原因是連筆簡化並沒有明顯的 手順擺款，即不同人可能選擇不同的 沾連方式（上圖 2-10 下方的 兩例子說明了這點，比如‘能’字也有可能被拼成序號 44 和 47 的 兩單筆料，若採取不同的 連筆 和 化簡對象），這會使得某些人的 造字特別難被其他人理解。因此，即使咱已經有了許多規範，通常僅在巡當 沒有其它方便招數時才使用連筆法。

2.3.2 偏置〔offset〕

單筆集有一個特別的 符號，其序號爲 69，被用來表達重複記號 和 飛地記號。雖然一般使用上被用在橫向重複的

筆劃摺款，但有時 當 缺乏有效拼法時，會被用在偏移的 方向上。比如 在'略'字裡，把田字 和 口字當成橫擺的 兩個第 65 單筆碼料就屬於有偏置的 用法，而'彬'字裡的 雙木林被第 69 單筆碼取代就屬 於 無偏置的 用法。在 A.1 裡，'哆'字則是偏置 和 連筆都有被用上。這些雖然看起來奇特，但只是在位置上稍微地扭曲了原字裡重複性的 兩部分，扭曲前後的 相似度還算高。下圖 2-11 的 上下兩列展示了本段的 例子數款。

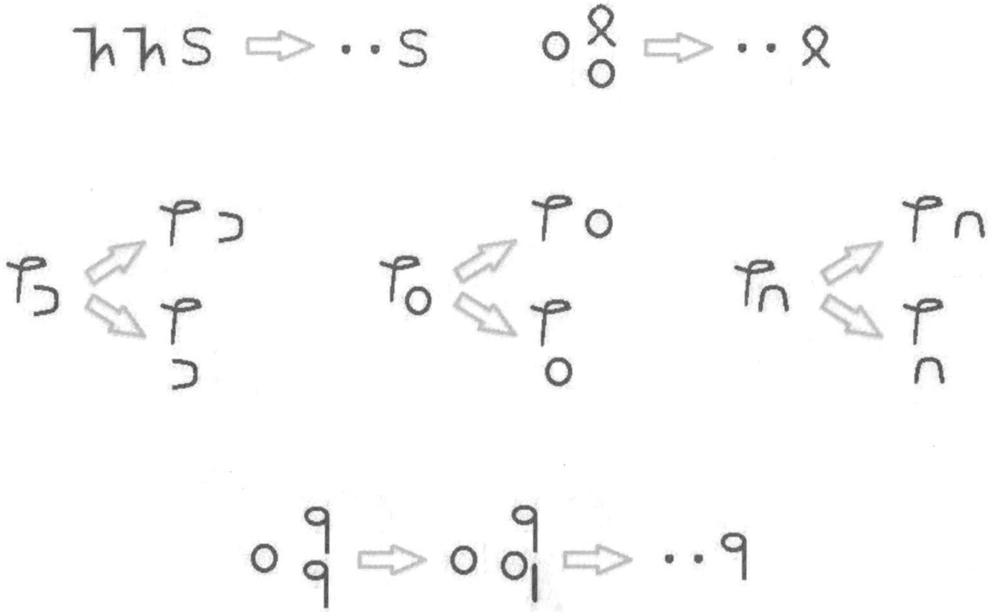

插圖 2-11　一眾平移技巧 混搭 連筆 去 得到一眾双拼字 溯匚於 一眾調控的 拼筆字

有些字同時可被橫向地平移、也可被縱向地平移。比如『左、右、有』等三字。它們雖然不在 A.1 的 第一候選表，但實用性很高，被加入了 A.2 的 第二候選表。

　　另一種偏置則是指平移地扭曲原字，比如『氏』被拆分成第 46、47 碼的 左右兩碼料，而『瓦』被分拆成第 31、47 碼的 左右兩碼料。這種偏置有其相對合理之處，因爲，若替該等組合採取上下拼，則相似度更低 相較於 左右拼。同理，『朮』字的 一撇被拆到左碼用第 15 號單筆 去 對應，剩下的 部分被拆 到 右碼用 72 號 去 對應也是一種低扭曲、高相似的 偏置法。

　　唯獨有一種偏置屬 於 特別例外，那就是『本』字。因爲這個字太常被使用，但又沒有明顯的 左右拼，所以咱必須替它想個辦法。先考慮‘本’字的 輪廓相同 於‘木’字，再考慮到木字後跟一橫不會有別的 字類似，所以最終 A.1 採取該一橫被平移 到 右碼處、而 左碼對應木字。這種平移改變了左右碼的 相對左右關係，是比較特殊的 案例。針對‘本’的 音群，A.2 選擇『逩』作爲初調字，而 不須用破格的 平移技巧如‘本’字。但因爲後者更常用，因此它才被置入 A.1。

　　一般來說，若遇到三疊字，拼筆會用所轄成員 作爲 左碼、重複記號 作爲 右碼。如下圖 2-12 的 上排。其中『森』位於 A.1，『众』位於 A.2。『品』未入選 A.1 是因爲‘拼’更適合擔任先發，且『瞐』在 A.1 占掉了同一組拼筆碼料。

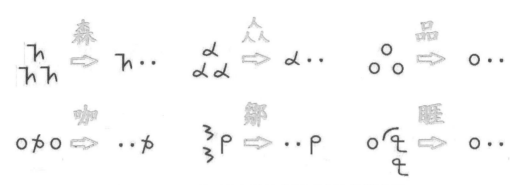

插圖 2-12　一些重複記號的 運用 於其有平移效果

　　上圖 2-12 的『咖』字出現在 A.1，其先給第 69 碼的 重複記號 去 作左碼、再給第 64 碼的‘力’去 作右碼，是因爲被重複的‘口’更早出現 較於‘力’，若用筆劃論。所以‘咖’字的 碼號料並非先 64 後 69。同理也適用上圖的『鄒』字，其也入選 A.1。

　　上圖 2-12 的 一眾重複記號都或多或少地平移地扭曲了原字，但 其用法甚爲直覺 且 很類似現代網路記號的 調性，因此其便利遠 大於 不便。

　　當然，如同前小節所總結，通常僅會在沒有其它方便招數時才使用平移法。

2.4 甲骨文近似（ORACLE BONE SCRIPTING APPROX）

　　第一章的 統計講約有 6% 的 字料在第一候選表裡被部份地‘創造’出來。比如『黑』字被拼于 第 61、10 號單筆料，按部首對照分別對應 到『毛』和『灬』。這是因爲ㄏㄟ這個音沒有對應到哪個字 於其 真可被橫双拼，除非用畢卡

索式的 化簡、連筆、和 平移。故，咱退而求其次保留了部首灬部，然後取毛部做左碼讓讀者會意毛著火會得到一團焦黑。且 第 61 號單筆本身也有點像變形 之於 上半部 匚於‘黑’字。這類操作有點像某些造字方式 於 甲骨文，其利用抽象過的 刻痕撂款 去 象徵不同主體之撂 和 其衍伸意義。

第一候選表 A.1 裡，不只當 失效發生 於 輪廓簡化 和 連筆時才運用類甲骨文方式 去 造字。在那 6% 的 字料裡，有些本來並不需被造字 忒于 違例方式，但 最後考慮到整體配套才搭用了例外拼法一眾。最典型的 例字就是左碼序號爲 25（扌）的 字料。

比如『推、拦、拉、提、打、拼』等，這些字因爲常常出現在門上或指標上，因此 在早於 設計双拼時，筆者就打算用個共通的 子系統去表達它們。當時的 想法是，用弧形方向 和 角度方向 去 示意動作方向。爲符合這種系統，A.1 的‘挪’，就使用了序號 25、39 去 造了一個双拼新字。咱用下圖 2-11 去 説明這種概念。

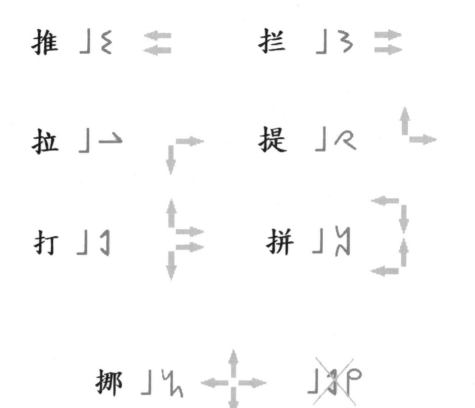

插圖 2-13 造新字 給‘挪’去 搭配‘扌’部字料的 設計 於‘推、拦、拉、提、
　　　　　 打、拼’等等

　　比如在上圖裡，『推』的 右碼有弧形向左凸出，所以表
達了向左的方向、『拦』的 右碼則有弧形向右凸出 去 表達
向右方向、拉的 右碼有折角 去 指向右下方等等。剩下的
『提、打、拼』也可循同理 去 理解。

　　上圖 2-13 的『挪』字爲了也用指向 去 示意，且‘挪’
字本身可能代表移動 到 各個方向，就像移動畫框一樣，故
其右單筆（序號 39）用兩個弧形表達上下左右四個分量，
從而造了一個新拼法、沒有採用先前說的 擦邊方法 去 消除

中間單筆料 自 一個三拼結構。

　　若咱對例外感冒，可替換'挪'爻于 A.2 的『郍』去作爲該音群的 初調字，其使用 44、49 兩序號的 單筆料 去 双拼時，屬 於 單純的 轉碼替代，沒有例外 且 外型意義上也有如移動小舟的 尾舵。但若這麼做，就不會形成體系 偕同與'推、拦、拉、提、打、拼'等字。（註：目前'拉'是 在 A.2，故 咱可用它 去 交換 A.1 的'剌'。A.1 用'剌'是 肇因於 其它的 一衆計較，包括轉調效果等。）

　　若 能滿足上圖 2-13 一般的 整體設計，則 即使外國人也能迅速理解，不論是 在 餐廳、捷運、或 其它公衆場所。大家看'推'和'拉'的 双拼字料，不就分別像靠近門 和遠離門嗎？這樣不是很省符號嗎？

　　咱保留部首的 一撂行爲，如同圖 2-13 保留了『扌』部，其實就是保留了一種造字精神 於 甲骨文。甲骨文物可能罕見，但 其後銅器時代的 銘文傳承者倒是可見 忐於 故宮。比如下圖 2-14。

　　下圖的 文物屬 於 周朝，甲骨文的 文物有很多是 來自於 更早的 商朝。無論甲骨文是'眞古文'或'假古文'，它都很相似 於 後來的 銘文。比如『隹』字 於 下圖 2-14，就很像圖 2-16 第三族的 最後一字。下圖 2-14 的『月』字也很相似 於 圖 2-16 第一族的 第二字。咱稍後解釋。

插圖 2-14　銘文展示 於 故宮，方塊處有『隹三年五月既』六字，其中後五字清晰

　　甲骨文採取大量的 象形法 和 其它六書方法一眾 去 傳達字意，該象形其實很有輪廓化的 味道。比如，下圖 2-15 的『戈』字。

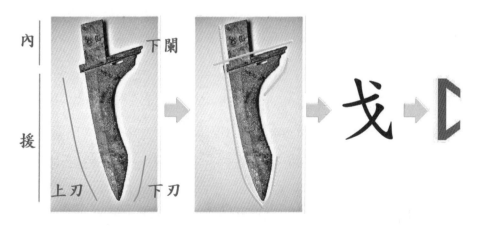

插圖 2-15　用故宮的 文物 去 想像一摞造字過程

上圖 2-15 告訴咱，考慮輪廓也是一個合理的 方向去兼顧新舊版的 文字相容性。稍後咱用圖 2-17 去 表達圖 2-14 的『隹』字也是。

2.4.1 統計予骨文〔statistics for bone scripts〕

根據 [7]，被確認的 甲骨文有超 5000 種。根據 [6]，解譯妥怘的 甲骨文有超 1400 個。

起初，筆者僅關心那些可供造字的 甲骨圖形一眾，故，筆者優先匹配單筆集 和 所轄一眾甲骨文。結果，筆者得到如下圖 2-16 的 結果。其中，有 61 個有直接對應 或 偏旁對應，有 11 個無明顯原字。

若對比兩圖前圖 2-14 的 銘文料 和 下圖 2-16 的 甲骨文料，咱可見其中至少『隹』和 『月』是無甚變化的。若下更多功夫 去 比對銘文料 和 甲骨文料，咱甚至可見，『三、五、即、年』等字的 變化也不大。

在 咱的 諸圖例裡，甲骨文款來自網頁 [6] 而 銘文款是溯匚於 攝影 内於 故宮。咱還抽樣了六個字料 去 對比兩文款，結果該兩款算非常相似 在 各字料的 形態上。

有些圖形似乎有多功能，比如所轄甲骨刻符 於 29 號單筆的 優先匹配字『辶』，該刻符有時也被用在處理『彳』的雙人部首 於 其它甲骨字料。這種一符多用的 情況其實也很普遍 於 單筆集。咱第一章圖 1-4 和 圖 1-5 的 眾 P 欄為優先和 眾 PP 欄為其次即反映這種特徵，只是在甲骨文年代，並不一定有強制的 優先概念。

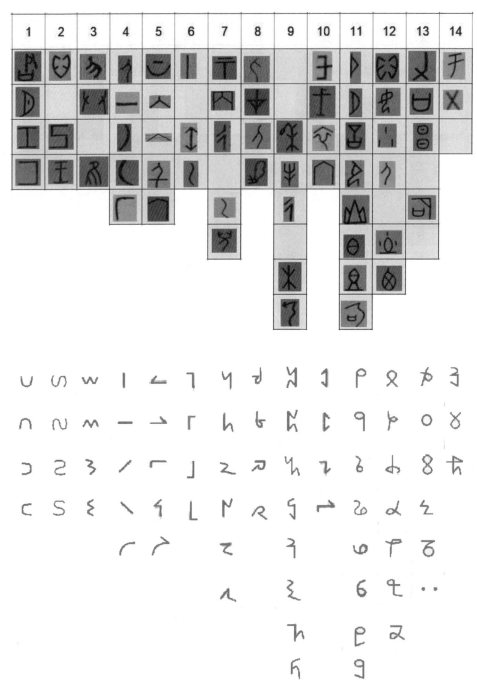

插圖 2-16　對照圖 去 匹配原始甲骨文料 [6] 和 單筆集

有些單筆料無法追溯甲骨文，且 明顯地乃 肇因於 那些單筆料是新創 忒給 新功能群。比如第 69 號單筆雖優先對應『蒜』，但其有飛地特徵 且 被用來處理複數 和 重複結構，具有現代獨有的 特色，故無甲骨文的 源頭。

上圖 2-16 還透露了一個有趣的 現象，那就是古時候用『于』字去擔任晢功能 在『於』字。內於 超 1400 個字料裡[6]，咱完全找不到‘於’字的 蹤跡。雖然 在 下一章咱將用‘于’字 和‘於’字一起 去 擔任所謂的‘通用介連詞’，簡稱 ppj，但後者顯然有更近期的 故事。

咱現暫不追究這批資料是否齊全無誤。咱想專注 在 那些被大量運用的 甲骨刻符摺款，然後觀察，哪些單筆料將頻頻出現 若 所涉刻痕摺款被轉成双拼字料。比如上圖序號 52、58 的 兩甲骨符（循單筆碼序號的 算法。即第 11 族的 第四成員 和 第 12 族的 第二成員）對應 到 明顯的 兩跪姿記號，且該類記號佔了相當比例 從匚於 總數 1400+ 的 甲骨文字料中[6]。

舉例說，若單論一個跪姿的 人形，就牽涉超 50 個圖形摺款 從匚於 該 +1400 款的 甲骨文字料。這是一個很高的 比例，幾乎相當於一個英文字母的 占比 來自匚於 26 個字母裡。同樣地，站跨姿的 圖形也有一眾 內於 +1400 款的 甲骨文字料。故，在 造一拼筆字時，咱不妨考慮這一眾前例。尤其 當 輪廓簡化原則準許用類似跪姿 或 站跨姿的單筆料 去 代表同一摺筆劃時，造字者參考古造字原理之譜去 選擇就算合理。因爲新舊相容性有助 於 許多應用領域之

眾。

更展開地說，上述的 跨跪姿圖形摺款，最後雖沒有優先地被用 給 序號 32、36、37、38、39、72 等的 單筆料，但該等單筆料卻反過來有機會服務 於 跨跪姿的 意義（若看該等單筆料的 外形，咱就可發現它們都有兩條腿；可參考 1.4 節 或 A.4）。這給咱一個繼續深究的 視角，比如，若 要双拼『快』這個字，則 雖然其右碼無論選序號 37、38、或 39 的 單筆料都能符合輪廓化簡原則，但 並非所有該等序號都能吻合古造字思路。

詳細地說，第 37、38 號的 兩單筆料爲跨姿 而 非跪姿，僅有第 39 號單筆碼同時兼顧跨跪姿態兩款，以甲骨文評之。故‘快’字不應使用 39 號單筆 去 摻和跪姿。至於 37 號 和 38 號的 兩單筆料裡，僅 38 號的 筆順較接近原字；且 38 號單筆的 一束位 在 左側，這點同於 24 號單筆（忄）的 特徵，即跨姿的 面向 同於 心的 方向。因此，38 號單筆較適合服務‘快’字，而非 37 號、更非 39 號單筆。畢竟若 面向一邊 卻 想著另一邊 或 跪著辦事，則 哪能‘快’起來呢？

插圖 2-17　照片圖組 去 幫助聯想『隹』字的 甲骨文 和 所轄 單筆碼

最後，作爲下一小節的 引子，咱用上圖 2-17 去 展示一組照片 於 兩隻‘黑冠麻鷺’讓大家聯想一下『隹』字的 甲骨文 和 其對應單筆。可參照圖 2-14、2-16 去 比較。

註 1：‘黑冠麻鷺’挺可愛的，會緩慢地走路移動觀察，不會像小隻鳥看起來好動忙碌。很多時候咱看到它時它也看著咱。

註 2：『怔』字在 A.1 組成 于 第 24、36 碼。雖然該 36 碼也是跨姿，但外型上有跑走的 味道。所以會意起來是‘走心’想太遠神遊的 味道，而不是‘一心一意’的‘專心’味道 如『快』字一般。

2.5 恰當地使用部首（PROPERLY USE RADICALS）

國文有一眾『部首』去 作爲分類的 高層結構。甚至很多所謂『會意字』都有個顯著的 部首 去提示會意的 依據。

比如‘口’＋‘鳥’爲‘鳴’裡，‘口’爲顯著的 部首。

　　其他類別的 字料也能運用部首 去 分類。咱舉個『形聲字』的 例子。好比上一小節末的‘黑冠麻鷺’的‘鷺’字有‘鳥’作 部首、‘路’作 聲符，咱見了可知其爲鳥綱，雖然可能不知其爲鷺科；相較 於 獅子老虎之類的 群體，鳥類給人們的 整體感覺明顯地不同 於 哺乳綱的 貓科動物。

　　因此咱自然地好奇 – 是否咱的 <u>第一候選表保留了部首料的 眾特徵</u>？。這是個重要的 問題，因爲，部首是一種依據 予 分類舊字料，同時也是一種依據 予 創造新字料。

　　其實若咱用動物的 例子就可以大約地猜測，部首特徵會被相當地保留下來。大家看圖1-6的 大鳥，雖然中間的色澤甚至連眼睛都被擦掉了，但光看輪廓其實也知道它是鳥，幾乎沒有機會覺得它是貓。

　　對於 該問題，咱用三個步驟 去 做初步地檢查。首先，下圖2-18針對第一候選表 A.1 去 展示暫次數 予 各序號單筆料 當 其被用 在 左碼上。（註：A.1的 第一候選表有397個初調字料。下圖2-18只根據其中的 395 個字料 去 做統計）

次數　在　左碼

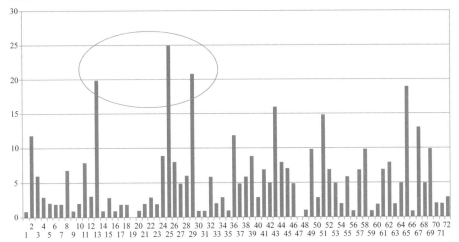

插圖 2-18　次數分布 於 所轄序號 在 左碼 從囗於 A.1 的 第一候選表

其次，在 上圖 2-18 裡，咱圈出前三高的 次數群 其 恰發生 在 序號 25、29、13 的 三個單筆料，分別優先地對應到『扌、辶、亻』。

最後，咱用下圖 2-19 去 針對該 25、29、13 等三個序號 作爲 三款左碼，列出所涉初調字料 予 第一候選表 A.1。

在下圖 2-19 裡，所轄部首料 予 A.1 的 一眾初調字料（被標示 于 原字欄）被完整地保留 在 左碼區 和 拼筆轉字區上。（註：根據圖 1-5 ，的 匹配，下圖裡的 序號 13 除了用 P 欄優先對應到『亻』還能用 PP 欄其次對應到『丨』，發音ㄍㄨㄣˇ。因‘亻’不會單獨地作爲國字，故 單拼序號 13 的 單筆必然地對應 到 ‘丨’。）

扌	右側	轉字	原字	替代	再簡	造字
25	3		扛	1		
25	7		抱		1	
25	11		拦		1	
25	12		推	1		
25	15		抄		1	
25	22		擴	1		
25	26		扎	1		
25	36		提		1	
25	37		拼	1		
25	38		搭		1	
25	39		挪			1
25	42		捉		1	
25	45		打	1		
25	46		找	1		
25	52		掐	1		
25	54		拍	1		
25	56		拐		1	
25	57		扠	1		
25	58		摟		1	
25	64		拗		1	
25	66		擱		1	
25	68		拓	1		
25	70		扔		1	
25	72		摘		1	
25			扌	1		

辶	右側	轉字	原字	替代	再簡	造字
29	1		送		1	
29	2		週		1	
29	5		遇		1	
29	7		選		1	
29	11		遞		1	
29	18		远		1	
29	19		運		1	
29	23		連		1	
29	25		迴		1	
29	37		进	1		
29	39		透		1	
29	40		遘	1		
29	43		还	1		
29	45		过	1		
29	51		道	1		
29	54		迫	1		
29	62		遶		1	
29	63		逼	1		
29	64		边	1		
29	71		遭	1		
29			辶	1		

亻	右側	轉字	原字	替代	再簡	造字
13	2		佣		1	
13	4		佢			
13	8		傌	1		
13	11		仔	1		
13	12		催	1		
13	18		仏	1		
13	23		什	1		
13	34		仆	1		
13	34		化	1		
13	37		併	1		
13	40		伴			1
13	42		佞	1		
13	43		休	1		
13	46		代	1		
13	53		仙	1		
13	54		伯	1		
13	57		做			1
13	63		倆	1		
13	71		僧	1		
13			亻	1		

插圖 2-19　初調字料 於 最高頻的 三種左序號 針對 附錄 A.1 的 第一候選表

　　要知道，咱選的 是最大宗的 序號三種 予 左碼單筆料，且咱發現它們全都完全地代表了晢部首料 予 所轄的初調字料，100%，沒有例外！這告訴咱，當咱用双疋拼音時，咱可能有不錯的 機會憑藉一拼筆字形 和 其部首意義去 認出晢初調原字，進而 助咱認出晢發音。而且 若 已經知道了字的 部首那一半，則 另一半就肯定會好猜許多，若有必要的話。（註：上圖首行的『扌、辶、亻』為左碼欄，『右側』即右碼欄，『替代』欄紀錄那些可直接轉碼者，『再簡』欄紀錄需進行輪廓簡化者，『造字』欄紀錄例外者。）

　　這種左碼的 高傳真現象雖不總是無瑕地 如 前論狀況，但仍有不錯的 表現 在 其它許多高頻碼上。比如序號 65 和 2 的 兩單筆料，若在 左右碼通算時，其占比也算前三 在 圖 1-36。其中第 65 號單筆料的 反向推論乃稍複雜些在 左碼摺款上，其乃 肇因於 該單筆可能對應到『口、日、目』等多形狀；若 觀察第 2 號單筆料，則 僅有一個例外 於其 讓晢左碼沒有代表部首。這表示，巡當 咱追求拼音 和 簡化等新功能時，咱並沒有遺失掉太多的 舊索引摺款。甚至，在某些程度上，咱還凸顯了舊的 摺款，因為，咱不只汰除了那些不常用的 奇奇怪怪的 索引摺，還藉由双拼讓部首摺款約佔了 50% 的 比重 之於 筆劃量。這種比重經常是 高於 其在 原楷書初調字料裡。

2.6 語音法 伴 審思（PHONETIC WAYS W/ PRUDENCE）

　　相信大家做學生時都有個疑惑 - 怎地西方人突然就用了拼音文字，而 國文卻沒有？若 要回答這問題首，則 咱先要澄清一件事，即所謂拼音也有程度上的 區別。中文雖有形聲字款，但 該款不夠 去 覆蓋所有的 發音料 和 字料 在 國文裡，而且，國文並不針對元音料 和 子音料 去 做區隔 去 又 做爲構字依據。

　　西方語文也並非從一開始就把子母音區隔做得完善。咱現在就來聊一下這段歷史故事，順便説一説，如何借鑑歷史去 加強双拼轉調的 拼音功能。

註：双疋字料 於 第一候選表 A.1 已可覆蓋所有的 中文元音料（即母音料），且 皆一對一的 配套 介乎 初調音料 和 初調字料 在 第一候選表伴搭 轉調符號五款已具有某些拼音特質。但 本文至此尙未針對單純的 子音一衆 去 做出系統性的 定位。該擴充的 定位方法將被介紹 於 稍後的 2.6.1 小節。

　　長話短説，咱熟悉的 歐洲語言諸款，其實受到一個歷史串的 影響。這一串歷史包括腓尼基人 - 希臘人 - 羅馬人 - 其它歐洲人的 歷史串列。因爲腓尼基人的 文字只定位了子音料，不定位母音料（即原音料），所以其某些字料的 發音需要依賴更多前後字料 去 被確定，且 早期還運用了其它類別的 文字。（大家注意到腓尼基人的 名字叫 phoenician，很像語音學 phonetics 這個字，不知道會不會覺得巧合？）

　　接著，希臘人修改了腓尼基文，定位了原音料，使得希

臘文成爲全音素的 文字類。腓尼基人落腳 在 亞洲西南、地中海東岸（俗稱小亞細亞），希臘人落腳 在 歐洲東南、地中海東北岸，兩個落腳處位 於 相近的 地理位置兩處。腓尼基人的 文字並無全音素特徵，希臘人的有，且 因前者的歷史早一點，故 後者受前者影響。

　　因此，歐洲人把希臘文化當作歐洲的 古典文化發源就具備了明顯的 區隔特徵。據說，腓尼基人的 影響不只向西，後來也向東到達印度之遙，這讓大家容易聯想『印歐語系』這個詞的 由來（這部份請讀者自行考據，此處不再展開）。畢竟，若 所擇溯源方式 能搭配地理路線，則 更有助於 聯想情境。

　　腓尼基 - 希臘 - 羅馬 - 歐陸則是個一路向西的 分支。羅馬人從希臘人那邊學得了全音素的 文字，發展成拉丁文體系。巡當 羅馬競技場的 時代，已經有工整的 石刻柱記錄著拉丁文字。懂一點英文的 同學們甚至會覺得自己好像看得懂 一兩個字 在 某些羅馬時代的 石板上。比如筆者用關鍵字‘拉丁文’做索引 去 搜尋維基百科，就看到一塊石板上有個拉丁文字叫 abominandi，若 用網路翻譯器會給出對應英文爲 abominand。這種相似度已經高過了其 介乎 甲骨文 和 楷體間。這很合理，因爲羅馬帝國時代晚過周朝幾百年，又晚過商朝更久，所以相似度高一點並不過份。（有興趣的 讀者們可用網路翻譯器去對比英文字料 和 拉丁文字料。建議的 關鍵字料爲 ocean、lion、air、land 等，這裡不再展開。）

　　由羅馬帝國（roman empire）傳出的 語文很多後來被
歸類 於 羅曼語系（romance language）。這有別於咱所謂
的 浪漫（romance），即便法語也是其中一支 溯仁於 羅馬
語系。不過，雖然羅馬帝國統治過英國，且英文裡有大量
的 羅曼語系詞彙，但，英文經常不被歸類 在 羅曼語系，而
反而更常被歸類 在 日耳曼語系。這種奇特的 現象可能有關
於 文法結構、宗教概念、和民族遷徙。

　　無論如何，不論是日耳曼系 或 羅曼語系，都屬於印歐
語系，且 所屬民眾 從仁於 兩個語系都多數地認希臘文化
為 歐洲文化的 發祥地。甚至連斯拉夫語系據說也是靠羅馬
傳教士 去 引入希臘文字 而 作為哲基礎 予 創造西里爾文，
然後才開始有正式文字 給 基輔羅斯。

　　究其本原，印歐語系並非天生就有全音素的 語言特
徵，而是 溯仁於 諸多起因 才 藉由逐漸改善 去 得到的。
哇！咱開段說要長話短說，然後就一口氣講過了西歐 和 東
歐，希望算有做到。

2.6.1 整合 現存的 系統〔integrate existing systems〕

　　下一步，咱就要問，咱是否能借鑑歷史，替双拼轉調也
做一次音素上的 補強？ 咱會這麼問多半是有可行辦法吧。
確實有，但 咱先鋪墊一下。

　　咱說借鑑歷史，那下一個問題就是誰的 歷史應被借
鑑？剛剛說的 腓尼基 - 希臘是向西的 歷史，那咱是不是該
找些東邊的 歷史參考一下？尤其是靠近咱附近的 一眾國

家。若 咱依據中韓日的 順序 去 觀察，則 應該挺合理的。

　　先看中文，雖 已經有眾多形聲字料，但 形聲法 只是其一 之於 六書、不能一般化所有字。另外，形聲法不用子音或 母音作爲分類依據。當 字典摺款使用‘羅馬拼音’去 對照中文發音時，看起來就像對標英文，只是經常一個音節需好幾個字母 比如 用 zheng 去 代表『征』就花了五個符號，且若 要用該等符號 去 表達『正』，則 還要多一個調號；該對標法的 好處是可以直接借用英文的 音標系統，不須重新設計音標符號。另方面，注音符號也是一種客製化的 常用音標系統，但 仍有一眾問題 如 第一章所述。

　　日文則用一種二維陣列的 格式 去 分類其拼音字母料，大體上母音料標示欄之眾，子音料標示行之眾。雖然最終沒有針對各子音都給出唯一的 符號，多數字母都混成 于 子母音雙維，但 從分類上咱可以輕易地回推所轄 子音，因爲 該兩維度的 欄行之眾整齊、數量精簡。如此觀之，就像有一種進步 在 分類上。咱之後要談的 子音化方法，可以利用日文的 經驗之譜 去 完善。（註：當數學講行列式時，經常用行爲縱、用列爲橫，但在 生活用法裡，很多人也用行 作 橫。此時用『欄、行』去 表縱橫，就可以 區隔『行、列』的 數學用法，即用不同的 配對法之摺 去 區隔‘行’的 意義。）

　　比如下圖 2-20 的 左側，標示了片假名的 五十音系統表。這裡所謂的 五十音，大體上指發音組合一眾 溯匚於 五欄的 母音種類 和 十行的 子音種類，其包括空子音，最後得到 大約 50 = 5x10 的 發音數量。咱説『大體』乃 肇因於

其中 y 行並非嚴格地用一子音搭一母音 去 發音 ，還 肇因 於 其它枝節。

　　下圖 2-20 的 50音圖表裡，大部分子音都可搭配五種 母音（標示忒于 a、i、u、e、o）去 形成五種發音，並用各 行的 第一個成員 去 作該子音行的 代表。比如，用『カ』去 代表子音 k 開頭的 行，簡稱 ka 行。這就好比雖然初調字料 裡，很多都開頭 于 丂音，如『咖、口、可…』等等，但咱 可只選其一 去 做爲丂的 子音代表，且其中'可'字僅需一 個序號 56 的 單筆 內於 第一候選表、其發音又最接近丂， 故咱可用該單筆 去 代表子音化的 丂，即 /k/ 音素。關於如 何區隔正常的 第 56 碼 和 子音化的 第 56 碼，咱稍後解釋。

英字母	a	b	c	d	e	f	g	h	i	j
	k	l	m	n	o	p	q	r	s	t
	u	v	w	x	y	z				

	a	i	u	e	o
	ア	イ	ウ	エ	オ
k	カ	キ	ク	ケ	コ
s	サ	シ	ス	セ	ソ
t	タ	チ	ツ	テ	ト
n	ナ	ニ	ヌ	ネ	ノ
h	ハ	ヒ	フ	ヘ	ホ
m	マ	ミ	ム	メ	モ
y	ヤ		ユ		ヨ
r	ラ	リ	ル	レ	ロ
w	ワ	ヰ		ヱ	ヲ
			ン		

	a	b	c	d	e	f	g	h	i	j
カ	k						g			
サ					z				s	
タ				d						t
ナ				n						
ハ			b				p		h	
マ					m					
ヤ										j
ラ		l								
ワ				w						

日文的 分類 予 諸子音

插圖 2-20 　日文的 子音分類 隨搭 英文字母一套 去 做欄行交錯定位 予 一陣列表

　　但常用的 子音並不只 10 個，如上圖 2-20 的 右上方的 英文字母一套裡，除了 6 個深灰底白字的 字母料會擔任母 音工作，剩下 20 個字母料都只專門服務子音。怎辦？日文

的 解決方案是加上標符號一撇 到 原先的 符號撇款上 去 助產生『清音、濁音、半濁音』等差異，讓一個基礎符號可表音素多個。其類似但 不同 於 咱的 轉調操作。

　　咱用上圖 2-20 的 右下方區塊 去 表明這個問題。比如，‘力’行，除了對應原先的 /k/，還可對應到 /g/。咱的擺圖法用右上方的 英文字母料 去 欄位地投射 到 一陣列網格 且 用左方的 日文子音行 去 行位地投射 到 該陣列。該陣列中的 諸成員象徵英日文共有的 子音之眾。有些英文子音料不出現 在 日文裡。但日文的 技巧已經能覆蓋至少 13種子音料（ヤ權宜地對應到 j 去 明確表達咱的 原意是對應純子音，但它並非眞正的 純子音，否則咱應該說 14 種）。

　　咱還忽略了一眾細節如日文‘ガ’的 子音還是略不同於 /g/，又比如歷史上 /w/、/v/ 的 關聯 和 /r/、/l/ 的關聯，這裡都不深究。

　　咱關心的是，上述一碼多子音的 對應技巧，是否應被双匹系統模仿？而 哲答案是‘不必然’。因爲，發音料 於72 個單筆料 有許多可被子音化 且 其數量多 到 足以服務大部分的 常用子音料。但在 上圖裡，選代表 去 反應子音的概念仍值得咱 去 學習。

　　若 比照上圖 2-20 右下區的 陣列思路，用同樣行位一眾 去 類比地擺設 給 初調字料 和 双拼字料，則 咱可得到如下圖 2-21 所示的 對照表兩款。其中 y 格爲特例 去 對應母音、未用‘j’字去替代，且 底色沒有塗灰。該 y 格將使用『乙』的 單筆去對應短音的 /ɪ/ 相較於 稍後用『衣』的 單

筆 去對應長音的 /i/ 在 圖 2-22 裡。

子音化 初調字一眾(半模仿日文)					
k	可	g	戈		
s	蒜	z	砸		
t	土	d	刀		
n	女				
h	禾	b	匕	p	ノ
m	毛				
y	乙				
r	力				
w	王				

一眾子音代表 用 雙拼字					
k	𝟫	g	ᘓ		
s	∵	z	ᘓ		
t	ᘓ	d	↗		
n	ᖆ				
h	ᖆ	b	ᖆ	p	／
m	ᖆ				
y	ᖆ				
r	ᖆ				
w	S				

插圖 2-21　用一種子音化技巧 在 初調字料 去 得所轄双拼字料 伴搭 日文的 子音分類法

　　在上圖 2-21 裡，本來日文系統會給同一個底標‘力’到 /k/ 和 /g/，外搭一個雙撇記號 去 區分‘力’和‘ガ’，但咱用不同的 兩初調字料『可』和『戈』去 區隔且 對應不同的 單筆料。雖然咱未採用日文的 濁音號，但 其概念仍很有用。因爲，國文注音沒有濁音，但英日文都有。比如英文的 /b/、/g/、/z/ 乃略 不同於 注音的 ㄅ、ㄍ、ㄗ。這導致一個單筆無法兼顧兩套系統。好在，日文已經大體上補強了這部分 於 {バ、ガ、ザ}。咱可用該 三個濁音部分 去 當延伸的 注音料 伴搭 三個對應的 單筆料，如下圖 2-22 的 右下角所示。（註：圖 2-21 用 國字『力』搭 r，但圖 2-22 用 該字搭 l。那是因爲日文的 r 比較接近英文的 l。故圖 2-22 相對較合原發音）

　　下圖 2-22 被稱爲一種『分拼的 子母音匹配表』予 双疋系統。

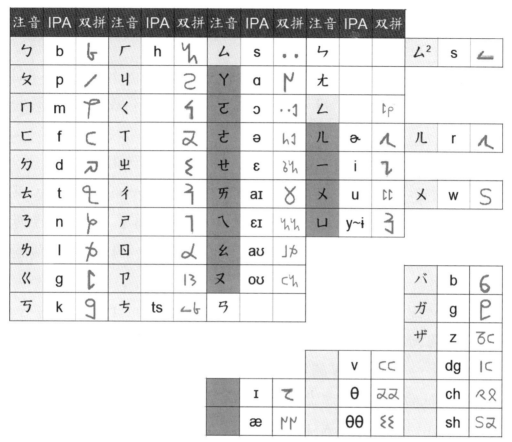

插圖 2-22　分拼的 子母音匹配表一款 給 双疋系統

　　‘分拼的 子母音匹配表’於 上圖的 主要概念爲：1. 選
出注音料 於其 可被純子音化、並選第一候選表的 初調字料
於其 頭音可代表皙子音料者 去 代表之。2. 選出一眾注音
於其 可爲純母音料、並選第一候選表的 初調字料 去 代表
之。3.擴充注音範圍、用双拼系統去涵蓋更多的 子母音料。

　　在 上圖 2-22 裡，淺藍底色的 注音料可被純子音化，淺
灰底色的 注音料可爲純母音料。故，上圖的 匹配表有一處

關鍵不同 之於 A.1，即，在 A.1 的 397 個項目裡，沒有純子音，其中字料都有母音。

所以，雖然 A.1 本身無法做到子母分拼。但，若用 A.1 去 搭配圖 2-22 就可以做到子母分拼，且 不犧牲子母混拼的 功能。

在先於 細說圖 2-22 前，咱先舉幾個例子說明。

下圖 2-23 有 (1)～(6) 組範例，每組有一個英文字，其左側爲所屬較佳的 子母拼法，其右側爲所屬替代性的 子母拼法。所謂子母拼法，即子音符號佔低處，母音符號佔高處，兩者高度差約半個身子。

比如在下圖 2-23 的 (1) 裡，bakery 的 子音爲 /b/、/k/，對應到其左側的 子母拼法裡就是兩單筆料分別轄有 '白'、'可' 兩初調字。該兩單筆料 有序號 54 和 56，且 位於低位；母音方面，一眾單筆 搭 序號組合 {39, 39} {32} {31} 於其 被 A.1 分別地綁定 到 初調字『欸、儿、乙』，也被匹配表 2-22 綁定 到『ㄟ、儿』和 一擴充注音（IPA 短音『/ɪ/』）。該三拼筆料佔高位。依據該匹配表 2-22，bakery 的 左側用了濁音拼法，右側沒有。故依先前討論，左側拼法較貼近原文，同一圖內的 (2) 也有類似現象。

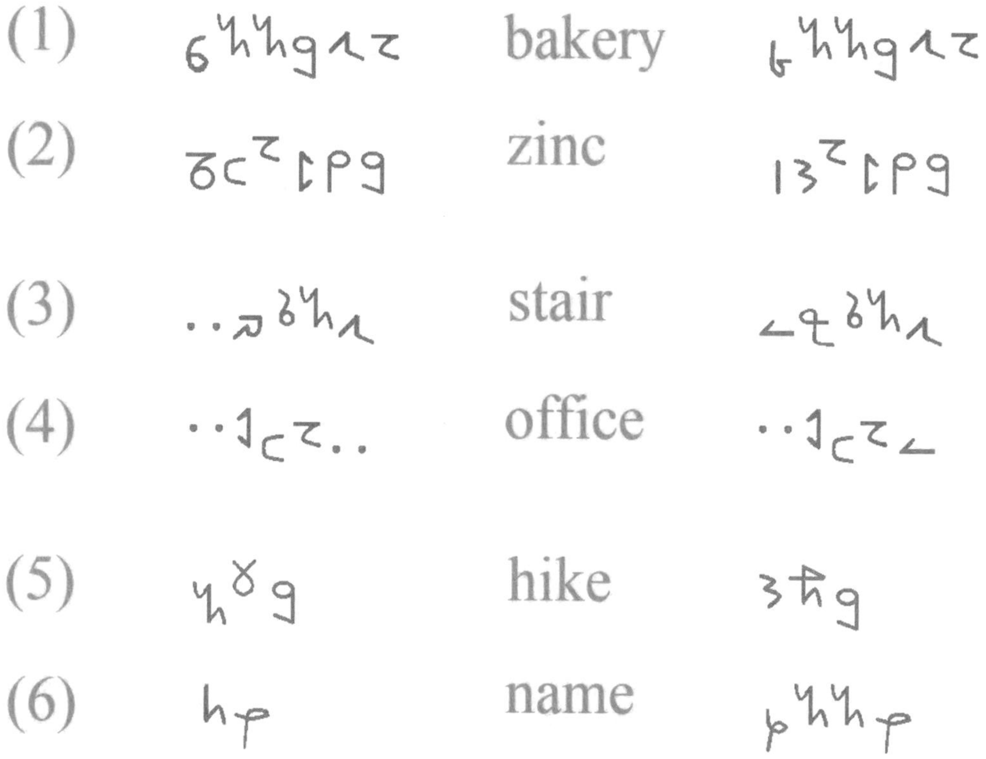

(1)　bakery

(2)　zinc

(3)　stair

(4)　office

(5)　hike

(6)　name

插圖 2-23　一眾對照 給 子母拼法 用 一眾英文 去 做例子

　　子母拼法的 好處是容易凸顯音節數 當 採用子母分拼時。上圖 (1)(2) 都是明顯的例子。另一個好處是沒有複雜的發音規則，基本上就是一款符號對應一個母音 或 一個子音 或 兩者各一。

　　咱回顧匹配圖 2-22 的 右下方可知，有些音素不只是不見挨 忒 於 國文，也不見挨 忒 於 日文，這時咱就用特殊手段去標示。比如，日文講英文『virus』時，聽起來像『weelus』，因爲日文裡沒有 /v/ 的 音。國文也有這問題。於是，咱連用兩第四碼單筆給子音 /v/，本來當 一個第四

碼單筆被子音化時，它將發音 /f/，但 因爲沒有哪個發音是 /ff/，故當連用兩第四碼單筆時，咱可以很放心地指定這組合 給 一個新的 發音，在此爲 /v/，而不會產生混淆。咱暫不展開，先繼續看例子。

　　上圖 2-23 的 (3) 和 (4) 都各有拼法兩種 給 /s/ 的 音。這是考慮到某些時候，雙點記號可能同時出現 於 母音 和 子音，如 (4) 的 左側情況。爲了避免混亂，可以把子音的 /s/ 用第 18 號單筆的 箭頭記號 去 替代。當然，若 大家直接修改匹配表，改用 A.2 的『喔』作 初調字給 /ㄛ/ 隨搭 {65、29} 兩單筆碼，則 上述雙點記號的 問題就自動消散。但 咱目前盡可能用 A.1 去滿足匹配表 2-22，且 追求視覺彈性，因此 特別多設計了一種 /s/ 的 拼法 去 搭注音『ㄙ²』。
（註：A.1 的‘呵’沒被拆成『口、可』有其理由，這裡不展開）

　　至此，上圖 2-23 的 (1)～(4) 都採用<u>子母分拼</u>。

　　上圖 2-23 的 (5) 和 (6) 則給出了<u>子母混拼</u> 的 兩例。比如 (6) 的 左側母音位置對應 初調字『內』，子音位置發音 /m/，故合起來發音是 同於 其在 英文字『name』。‘內’的 發音包含子音 和 母音。因爲<u>上位的 初調字料混搭了子母音兩類</u>，故咱稱此法爲‘子母混拼’，此時下位的 拼筆字料仍執行子音化。這個技巧呼應圖 1-19 的 子音擴充，其中『什麼』被發音成了 /什 m/。所以圖 1-19 的 子音擴充有‘子母混拼’的 味道。但圖 1-19 的『子音擴充』有兩點不同 之於 圖 2-23 的『子母拼法』。

　　首先，在 排列上，‘子音擴充’的 上下位是 處在 不

同樓層的 三軌，且相鄰兩軌的 橫向排列錯開半個身子；反之，'子母拼法'的 上下位 差半個身子，但橫向排列時各是 處在 不重疊的 欄位。

　　其次，'子母拼法'裡的'子母分拼'聚焦 在 純拼音字，沒有太多字形彈性。'子母分拼'的 所需匹配表就一小張圖 2-22，但在'子音擴充'如 圖 1-19 裡，所需匹配表至少包括 A.1 那一大張 再搭 圖 2-22，且 子音列爲次要輔助 伴搭 相對較低的 使用率。

　　因此，兩軌 或 三軌的 全交錯排列 伴搭 子音擴充天生仍用國文 去 作出發點，然後往外文 去 相容；相反地，子母拼法則用外文 去 作出發點，然後往國文 去 相容。

　　這兩種方向，可謂語言相容性的 雙向車道，其間設有許多迴轉道。圖 2-22 雖沒羅列德法俄西文的 眾特殊發音料，但有充分的 潛力 去 擴充 到 該等範疇摺款。因爲，咱的 拼音參考概念來自 於 IPA，而 IPA 本來就是爲了 international 而 設計的，況且 咱的 單筆符號數量足夠分類那一眾發音。大家光看圖 2-22 的 ㄐㄑㄔㄕㄖ等注音都還沒被子音化地應用 到 外文就知道咱的 符號數量還很充裕。72 x 72 足有 5184 之眾，所以咱不用擔心暫定址能力 在 双疋系統上。

註：圖 2-23 的 bakery，雖好像是可用初調字料『貝、可、ㄦ、乙』去 拼筆，
　　但'貝'字爲四聲，有聲調轉程，且 並無濁音，故嚴格地說較不適合
　　傳達發音 予 bakery。不過，偶而咱會淡化濁音特徵，這時用'貝'去
　　做子母混拼就有點誘因，因爲少兩筆 較於 子母分拼。

　　咱舉個日文的 例子 去 給個意外驚喜 在 子母拼法。比如下圖 2-24 的 上半部中，四種發音都被用來代表‘kso’，其在日文代表類似‘可惡’的 意思（原意接近一坨便圾），該 o 的發音是 介乎 /ㄛ/ 和 /ㄜ/ 之間。日文本來是分成『ク』（ku）和『ソ』（so）兩字，但說者經常退化 u 的音去 把 ku 子音化，甚至用其它的 一撮發音法 去 表達該意思，所以咱用‘kso’舉例 去 求簡單。而在 中文裡，並沒有情況 涉於 連用 ks 兩子音，那是外來的。因此，要用中文表達 kso，咱可用‘子母音拼法’或‘子音擴充法’。

　　若用子母分拼法，咱可用兩圖前的 匹配圖 2-22 去 指定三拼筆字料 予『可、蒜、呵』等三初調字料 去 分別拼音‘k’、‘s’、‘o’等三音素，若 此時所轄發音 於‘o’較接近 /ㄛ/。下圖 2-24 的 左例一撮即如此。若 咱還額外加了第四聲轉調號，則 可助修飾 語氣，猶如當 講別人渾蛋時，要有咬牙切齒的 感覺。

　　若 用子母混拼法則 可分別拼音‘k’、‘so’等兩音節，其中純子音 /k/ 可循圖 2-22 去 得一單筆 於其 轄有初調字『可』；而 混拼音節‘so’可循第一候選表 去 得一拼筆 於其 可對應初調字『圾』，當 所轄發音 於‘o’更接近 /ㄜ/ 時。好比下圖 2-24 的 右例一撮

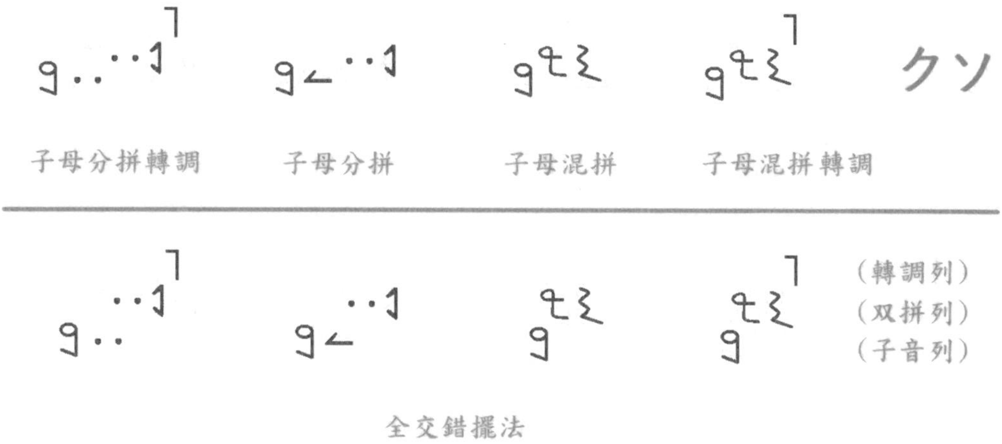

子母分拼轉調　　子母分拼　　子母混拼　　子母混拼轉調

（轉調列）
（双拼列）
（子音列）

全交錯擺法

插圖 2-24　一眾對照 給 子母拼法 和 子音擴充法的 全交錯擺法 用 一撾日文 去作例子

　　上圖 2-24 的 驚喜就在 於 其‘子母混拼’裡有款双拼字料 予『圾』字，更能精確地表達那種嫌棄的、超一般的感覺。若 用子母混拼搭轉調則 可加強語氣，有點味道似 於加引號（quotation mark）。

　　上圖 2-24 的 下半部把上半部都替換 成‘子音擴充’格式 搭 全交錯網格擺法（註：這裡沒顯示網格，請讀者想像 於 腦中或 參考圖 1-19）。專利案 [2] 用了另一種 子音擴充法。讀者有空可參考。

　　因爲双疋系統可支援拼音、拼形、和 轉調，所以其適用範圍大於 其它單一語言。

　　双疋系統的 彈性還不只於此。比方中文裡沒有標準的複數格，平常都講一眾什麼東西 或 什麼東西一眾 去 代表複數 予 那什麼東西一撾。但若有了双疋系統，該等表達法將有視覺上的 標準化效果。

　　比如，在 咱説的『一眾』裡，'眾'字可用三人金字塔取代，其双拼字 於 A.2 採用序號 60、69 的 兩單筆料。故，如下圖 2-25，不論是『手機一眾』或『板凳一眾』，最後都是双點結尾。這在視覺上很有利 於 辨認複數 或 非複數。

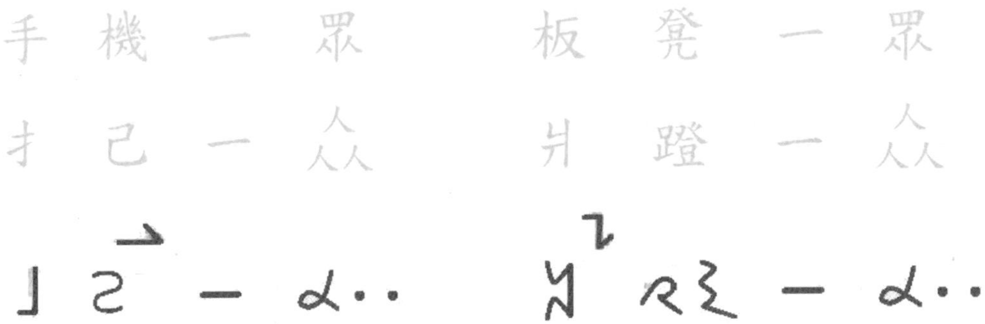

插圖 2-25　一衆對照 給 諸複數格式 介乎 諸楷體原字、諸初調字、和 諸双拼字間

　　大家還注意到，第 69 碼單筆有兩點，是單筆集裡唯一超一劃的。用它來代表複數不是很形象化嗎？況且，當 它的 優先字'蒜'被子音化之後剛好就是 /s/。再説，古文裡也不乏例子用兩點 去 代表重複記號。比如下圖 2-26 的 一款故宮文獻裡就有不少。其中用重複記號的 毛筆字料被標示 1～2 號。雖然該兩字料都是上下兩點，不是左右兩點，但概念是類似的。換言之，第 69 單筆碼同時整了合一衆複數特徵。（註：本書常用的 複數詞料包括'一衆、一摺、料、摺、摺款、衆'等。其中有摺字的 代表不定量，即主要情況可爲複數、但 也包括單數，有一種甩出一手牌但不一定有幾張的 感覺，或者 説是攤出一個背包但 裡頭不一定有幾樣東西的 感覺）

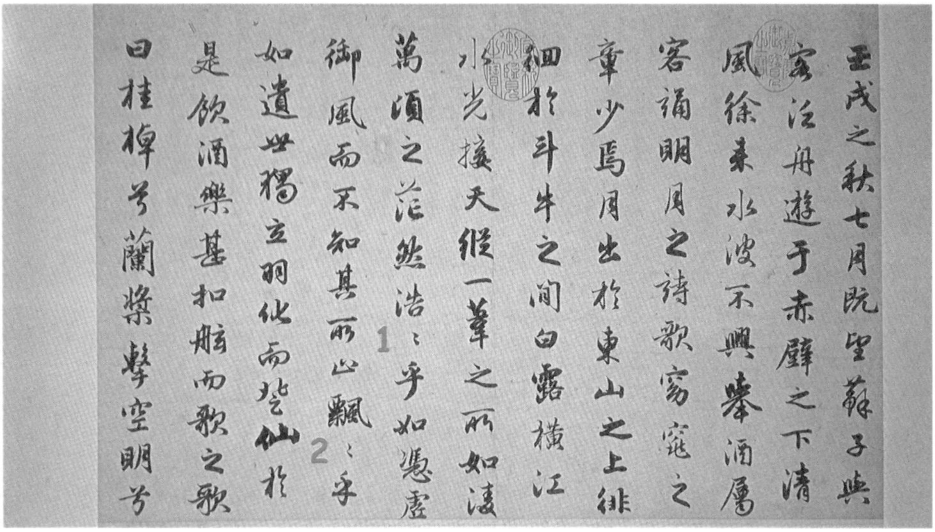

壬戌之秋七月既望蘇子與
客泛舟遊于赤壁之下清
風徐來水波不興舉酒屬
客誦明月之詩歌窈窕之
章少焉月出於東山之上徘
徊於斗牛之間白露橫江
水光接天縱一葦之所如凌
萬頃之茫然浩浩乎如憑虛
御風而不知其所止飄飄乎
如遺世獨立羽化而登仙於
是飲酒樂甚扣舷而歌之歌
曰桂棹兮蘭槳擊空明兮

故宮博物院文物修圖

插圖 2-26　用故宮文物 去 說明古人也用雙點 去 代表重複記號

因此，皙 72 單筆料 匸於 單筆集不是虛胖，而是被設計 來 具有更大的 包容力。只要有了強大的 包容力，就能控制好文字的 演化方向，爲永續作出貢獻。

這麼看起來，是否咱的 現代化之路 於 國文，將有種互補的 味道 類似於 皙歷程 於 腓尼基文轉希臘文？人家是缺母音補母音，那咱就來個缺子音補子音，補上三千年前漏掉的 那一步。是不是開始有點‘永遠不嫌晚’的 味道了？

2.7 歸結 於 本章（SUMMARY OF THIS CHAPTER）

在 2023 年的 五月，筆者造訪了台灣博物館北門分館，即俗稱的鐵道博物關。該館內當時有日治時代的 文件一眾。當時咱見到，日治時代初期時，有些台灣的 鐵道政令

文件雖仍大部分使用中文，但小部分特殊地方被使用日文，特別是所有格『ノ（の）』、助詞『ニ（に）』、等一眾文法關鍵節點。其中，'の'代表的『的』字，恰是最高頻字於中文。而日文的助詞則有類似下一章介紹的介連詞功能。本書裡經常加空白於諸介連詞前後，就是因爲它們是一撮重要節點匚於語法。日本人當時選特定字群去換成日文，顯然部分地是爲了想強調重點語法關聯。

　　所以，咱可發現，語文的改變是漸進的。日治時代的措施顯然是希望語文變化能漸進式地轉變，讓當時民眾能先熟悉各種新的文法結構，包括字尾變形的概念。

　　同理，已知咱今天有了一套双疋系統，若要發揮它的最大功用，則咱應思考因況制宜地運用它。熟練的使用者們可運用全双疋。但剛開始練習的使用者們可能無法馬上做到這點；這時，他們就可先練習應用双疋字料在特定的文字群於其有助文法分析，比如下一章要強調的介連詞ppj。

　　何以當年日本人使用這種程序應可歸因於他們的熟悉度之於中文。同理，咱隨後講通用介連詞也是立基於咱對外文的熟悉度。在語言的沿革上，後發者雖失去先手優勢，但能做到更廣泛地考慮。

　　這裡要順道談一些歷史。當初日文被設計時，據說經過幾個階段。早期的一個階段包括用中文字去標定日文發音，此時日文字母尚未被完善。

　　另一個階段包括用平假名和片假名去標示發音並加上字尾變形讓閱讀中文原文能如同閱讀日文一般，咱可以

說，這個動作叫做註解（annotation）。

即是說，早年日本參考國外文獻去建立自己的 體系，今天，咱也可參考國外系統去完善咱的 體系。咱雖一人無法通曉所有語言，但 咱可準備著一套工具，讓它在未來能夠吸收優點 溯口於 其它語言。這也是其一目的 於 本書。

最後，筆者要補充一下 關於 先前所說的＇印歐語系＇。由於 語言有某些效應 在 民族認同上，因此相關研究很有可能含有民族社會情緒在內。人們傾向於凸顯自己特有的 長處，並且 讓研究結果有助 於 自己的 社會結構。

以筆者的 經驗來說，即使在工程領域，有時候某些人宣稱他設計了某些東西，但 並不會完整呈現他的 參考資料，也許他的 創意實際佔了 60%，但從他的 報告裡看起來似乎佔了 90% 以上。有的 時候甚至會出現實際引用是 來自於 A 處，但作者卻宣稱該引用是 來自於 B 處的 情況。專有名詞的 使用也是如此，有可能因爲某些社會目的 而 被增減比例導致脫離原始的 樣貌。

短短一代工程領域都如此，那麼千年等級的 語言歷史當然也有可能出現比重誤差，畢竟經過了那麼多代人的 傳抄、爭奪、和 註釋。甚至，歷史上也曾有許多假造的 文物。

又好比 關於 人種的 研究，哪一類人來自何處這類問題也涉及一些特殊現象 如 雖然 舊研究被推翻 但 舊名稱仍被沿用至今之況。

所以，當我們講述這些歷史時，還是著眼 於 借鑑的 角

度，其旨在幫助改進咱的 系統，而非考古論證。

現在，咱現回顧一下 咱都説了啥 在 本章：

2.1 節示範用轉碼表 去 拼筆出受調控的 拼筆字料，且 説明使用者可選擇不同的 一眾拼法 予 容錯概念。

2.2 節講皙核心的‘輪廓化簡’概念 予 拼筆字料，並 給出一種依據 去 界定受圍面數 匚於 某個單筆劃 在 某個拼筆字内。

2.3 節講進一步的 化簡技巧 於其 包括‘連筆’和‘平移’兩種輪廓近似方法之摺，並 建議 僅當 單純的 輪廓化簡無法滿足需求時才運用這兩種進階方法摺款。

2.4 節講 巡當 用單筆集 去 拼字 或 造字時，若 能考慮古老的 造字傳統 如甲骨文 和 銘文之譜，則 能提高可讀性和 新舊相容性；本節還搜尋了 甲骨文刻痕一眾 去 對照單筆料。

2.5 節講拼筆字應善用部首特徵，且 提出統計 去 證明第一候選表 A.1 有做到這點。

2.6 節提出‘子母拼法’去 搭配‘子音擴充法’去又 延伸双疋系統的 應用範圍 到 更深入的 拼音領域；憑藉該等方法數款，双疋系統將可兼容國文 和 外文的 一眾主要特徵。

相較於 第一章 於其 把重點放 在 双疋的 諸定義、規格、外形、和 優劣，本第二章聚焦 在 皙生成原理 匚於 該等外形 和 兼容外文的 一些技巧。

習題CH2（EXERCISE CH2）

練習 2.1　{put together regulated pinby words}

　　請運用單筆集 去 寫出調控的 拼筆字料 給 以下文字片段：

(1)『努力很重要，但睡飽更重要。』

(2)『未來比過去還長久，請勿因小而失大。』

$：本練習旨 在 助複習 2.1 節 和 1.5 節 去 助踏出第一步 在 簡化國文的 道路上。雖然調控的 拼筆字款只是一個中間產物 介乎 楷體 和 双疋系統間，但它有助 於 閱讀 和 理解三體系統。

練習 2.2　{apply countour regression}

　　(1) 請用單筆集 去 寫出調控的 拼筆字料 給以下的 文字片段：『學習駁斥偏見 和 運用不說謊的 拒絕能幫助防止詭詐。』

　　(2) 請運用輪廓簡化方法 去 化簡所得 於 (1)

$：本練習旨 在 助複習 2.1 和 2.2 節 且 助理解輪廓化簡的 規則一眾。

練習 2.3　{apply spelling by parts of cv}

　　(1) 請用子母分拼法 去 拼出下列英文名字『Einstein、Maxwell、Newton』

　　(2) 請用子母混拼法 去 拼出所得 於 (1)，以 減少符號數量。若 無法精確拼出，則 請用近似法拼出。

$：本練習旨 在 助複習 2.6 節、1.4.4 小節、和 1.4.2 小節，且 助理解子母拼法 及 運用双疋系統 到 外文系統的 方法一眾。

文獻目錄

1：吳樂先 [磁感測器與類比積體電路原理與應用] 2022 書 ISBN 978-626-343-261-1 五南出版社

2：專利案 112115795 發明 I829586 號

3：吳樂先 [www.danby.tw] 2022 網頁

4：國立故宮博物院 / 典藏精選 [theme.npm.edu.tw] 網頁

5：痞客幫的 達仁筆記 [yuyupaint88.pixnet.net/blog/post/318883244- << 書法筆記 >> 孫過庭書譜 - 原文與翻譯] 網頁

6：搜狐的 全部甲骨文對照表 [sohu.com/a/49-131549_121124216] 網頁

7：維基百科的 甲骨文 [zh.wikipedia.org/zh-tw/ 甲骨文 #cite_note-h-4] 網頁

8：2023 年台北燈會官方網站 [https：//2023twlight.gov.taipei] 網頁，被引用的 修圖部分是 從仁於 一街拍 於 忠孝東路邊的 國父紀念館外牆

第三章

姿態控制 於 語義

　　好的 語言似乎能帶人大鵬展翅，翱翔天地。其何以讓大鳥們能如此省力地穿梭蒼穹者，乃受惠 於 簡練 且 專門的 身體結構、還歸功 於 鳥兒們的 天賦 於 姿態調整，使得他們能有效地運用氣流 去 做長時間飛行，而不需一直猛拍翅膀。若順此比喻，則所論 忒于 本書前兩章者，乃旨在 於提供語文一種結構讓它夠輕 且 能獲得足夠的 升力；而 本章將做的，是給出調整姿態的 方法 給 語言文字，去 發揮前兩章的 結構優勢。

3.1 姿態 於 語義（ATTITUDE IN SEMANTIC）

　　人們模仿鳥類 而 發明了飛機，雖然 關於 外型，人們早早就學到了翅膀的 祕訣，但，關於 姿態調整，那可是隨居 上世紀的 萊特兄弟後才有顯著的 突破，若 筆者的 歷史記憶是正確的話。

　　姿態調整這種看似天賦 於 鳥類的 東西，在工程上可真是需要天賦的 才能。在航空領域裡，有所謂的 姿態指示器（attitude indicator）供駕駛判斷飛機狀態，從而 去建立情境知覺（situation awareness）；而 晢任務 於 姿態調整，除了有時需一眾專業技能 去給 手控 于 駕駛，有時還得交給 自動化的 系統 去 控制，因其複雜程度過高 對於 所配置的 反應時間而言。這一眾現象有時可被類比 到 語義上（semantic）。

　　咱現先用個玩笑話，依託電影台詞 去 打個比方。鋼鐵

人電影裡有一段對話，當時公司主管告訴主角說董事會不認同主角的 方向，主角說『this is the new direction for me, for the company（趕緊修正）』，股東不可置信地看著主角，然後主角趕快改口『I mean, me on the company's behalf being responsible for...』然後旁邊秘書就無奈地看著主角、並小嘆一口氣（小有出入，但差不多是這意思）。咱現在就來說說這有什關聯 於 姿態調整，有何衍伸意涵。

　　若單純地直翻，主角先說了『這就是新方向 予 我、予公司』。這聽起來就像本來他應該要先想公司利益，但想偏了重心先想自身利益，趕緊在後頭補上公司兩字。等股東一副真的假的表情出現時，主角趕快調整姿態說『我的意思是我作爲公司代表，承責任 爲匸於 ...』。

　　咱試想，若主角原來說的是 '我在對自己負責、對公司'，或者說 '我在對自己負責，作爲公司代表而爲之'，這樣能凹得過去嗎？

　　以上雖然是笑話，但是告訴咱一件事，語法結構的 差異，能夠影響所涉流暢度 於 連接前後文。

　　本節的 第一步將淺談『語法樹』，引用部分的 前著內容，並 用直觀的 方法 去 比喻如何改變該樹的 結構，去又 達所需效果，並開始補充細節 給 前著[1]10.2 節 和 前著[1]1.8 節。

　　在 第二步，咱將介紹一眾嫁接修剪工具 去又 助改變語法樹結構，有如園藝一般。該一眾裡的 主要成員包括『重構』彙字 和『通用介連詞』。同時，咱將順便完善前著

[1]6.3 節的 連接語系統。

在 第三步，咱將擴充該嫁接工具 去 包含『字尾變形』和『被動式』，順便完善前著[1]2.8 節 和 前著[1]4.5 節的 未竟之功。

在 第四步，咱將運用前三節的 完善結果，去橋接同一眾主謂語 和 修飾主體 於 一排列組合 過程，去 傳達相同的文句信息 隨伴 不同的 姿態調整過程。

在 第五步，咱將整體地梳理那些常用的、身兼『疑問 /代詞』兩種身分的 彙字，順便加強前著[1]10.2.3 小節。

在 第六步，也是 在 最後一步，咱將針對『皙』字的 等價特殊用法 去 展開說明。

3.1.1 語法樹〔syntax tree〕

千頭萬緒還得從一圖 於 前著[1] 說起。該圖出 於 [1] 的10.2 節，被重繪於下圖 3-1：

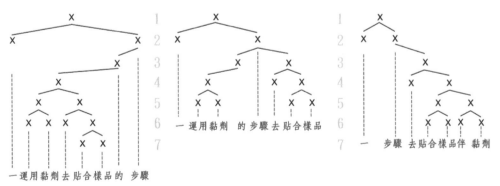

(A) 七個左分支，五個　右分支──花七層到　頂、共七層

(B) 六個左分支，五個　右分支──花五層到　頂、共五層

(C) 五個左分支，六個　右分支──花兩層到　頂、共六層

插圖 3-1　語法樹三款 來自 前著[1] 關於 不同的 描述擺款 匚於 同一種概念

上圖 3-1 用三種語法 去 表達同一概念，並 伴隨三種樹狀圖 去 量化一摺差異 介乎 於 諸語法。

該一摺差異，不只反映風格、還反映難易程度 對於 理解 和 表述。若 能選擇合用的 樹狀結構，則 暫效率 於 溝通可被大幅提高。比如前著 [1] 講上圖 (B) 容易被理解、因爲 層數最少，還說 (C) 好講、因爲 快速成句。

但 [1] 並未説明該等樹狀圖產 自 何處、如何被運用 到 其它例句之摺裡。咱換個例句，用下圖 3-2 去 解答該等疑點。上圖 3-1 的 樹狀圖具有相似結構 於 下圖 3-2 右 於其充滿了 X 記號，爲一種抽象結果 來自於 下圖左。因此，理解下圖 3-2 左，就能理解所涉一眾來由 於 下圖 3-2 右 和 上圖 3-1。

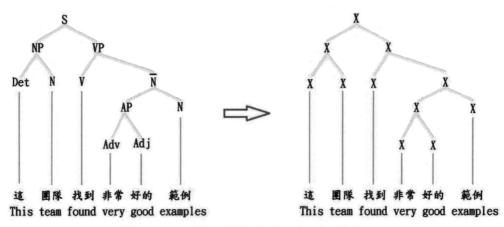

插圖 3-2　用另一例句 去 說明來由 予 圖 3-1

上圖 3-2 左的 樹狀圖被 [9][10] 稱爲語法樹 Syntax Tree 或 Tree Digram，其列出從左到右地所屬一眾詞性 依 出現時序

從早到晚 去 逐一賦予各彙字，且 列出從上到下地所涉一摺
從屬關係。因此，晢第一要務 於 制作此類圖，當然是要能
分辨彙字單元。比如要知道『這』被作爲一單元，其屬 於
限定詞（determiner，簡稱 Det）；『團隊』可作爲一單元，
其屬 於 名詞（noun, 簡稱 N）；'這' + '團隊'可向更高一
層滙合 成 一新單元，其屬 於 名詞片語（簡稱 NP）。

　　其中，Det 位 在 NP 的 左側。對較高層的 該成員 NP
來說，有 Det 作爲 一直接下屬成員 在 其左方，因此咱說：
『有個左分支 在 NP 到匚於 Det』。這種左分支結構即咱所
謂的 left branching，簡稱 LB。

　　同理，NP 的 右方有個直接下屬 N，因此咱說：『有個
右分支 在 NP 到匚於 N』。該右分支結構即咱所謂的 right
branching，簡稱 RB。

　　爲了凸顯諸分支處境，所涉諸彙字單元皆被取代 于 X
在 上圖 3-2 的 右圖。這有利 於 在視覺上追蹤計算分枝數量
和 層數。

　　若 要改變分支結構，如改 (A) 到 (B) 或 (C) 在 圖 3-1，
則 關鍵字料必須被擇機使用 作爲 一摺接應點 去 拔除 或
嫁接一摺分支。該等關鍵字包括『的、去、伴』等。但，在
傳統國文裡，該等字並非總是擔任同類角色，且 該等角色
缺乏一個更通用的 規範系統，導致經常某些語法樹容易被
修剪成類似 (A) 和 (B)，卻 不容易被修剪成類似 (C)，即便
有時咱很需要它。其一目的 於 本章就是要解決這種不便。

　　若 用一比喻 於 巡市區 去 找停車位，則 調整語法樹有

時就像尋找 並 運用一個簡單基本的 原則，比如：若是看到
車位，但開過頭了，就立刻沿路口連續右轉回到那車位前
（類似連續地運用 RB）。這個技巧能夠讓開車者胸有成竹
地搜索目標 並 逼近目標，而且 只用一種方法，不會受到交
通干擾 而 亂了方寸走偏掉。同理，針對 LB，也應該有類
似的 方針之譜。

　　若用圖形去比喻分支 和 路線 予 句型，就有點下圖 3-3
的 味道，雖不精確，但能形象化地表達語法概念。

　　下圖 3-3 的 主角騎著一台三蹦子，想要造訪『我、市
場、中午』三地。最簡單的 方法是通過連續右轉去經過三
條路『到、那、在』，去完成『我到那市場 在 中午』，如
下圖左一般。稍後會提到，用『巡當』去 替代『在』。

　　稍微繞一點可說『在 中午時，我到那市場』，過程多
了一個左轉，如下圖右一般。（註：看起來就像個可供練習設計的
電玩遊戲）

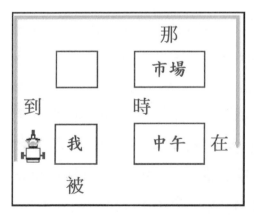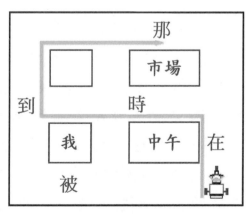

插圖 3-3　用電玩式的 路線圖 去 說明語序影響便利性

　　上圖 3-3 告訴咱，若 出發點不好，或 道路的 設計糟糕都會導致繞路 和 不便。這很類似一眾情況 於 日常口語。比如咱若要用被動式 在 上圖，咱可能得説『那市場被我到時 在 中午』，這樣不只有一個左轉，還多了一個右轉，甚是不便。

　　上圖隱含了一個重點，那就是有時城市區塊已經固定，無法改變，就像人們聯想的 事物順序有時是很臨時性的。此時人們需要一些方法 去 串接這些事物 因應於 它們既有的 順序。

　　若用在一般的 句子 去 考慮，最好人們不必總是在腦中完善各物件的 順序，只要選擇合適的 詞將各物件連接。換句話説，一件事情也許複雜 且 不易敘述，此時 若 只能循一個特定的 順序去連慣，則 很多人可能無法達意 或 產生謬誤。但若 人們能依其聯想的 順序表達 且 選擇合適的 連接策略就能完善句子，那麼 即使一開始講偏了也能迅速修正回來。

　　這類轉彎技巧，即便是在 LB 也存在，好比日文的『格助詞』就有類似的 作用。雖然好像多了一個新名稱 '格助詞'，但 它的 目的 也是為了表達一眾聯繫關係 於 時間、空間、邏輯等等，只是英文裡習慣用『介係詞、連接詞』等稱呼去完成，且 大多是 下屬於 一端點 於 其 來自 RB。在稍後的 小節裡，咱將會用『ppj』去稱呼這些詞彙，並 針對國文 去 重構一番。

　　有時這類詞彙會演化出一種巨集 之於 一眾彙字。比如

在 前著 [1]6.3 節，咱已説了『於』字能通用地表達 of、on、in 等概念，然後本書接著將會介紹，當 爲了專門限縮範圍去 給 of 用，而非給剩下其它者時，咱會用『匸於』去標定。若繼續演化，之後還會生出一眾詞彙 如『從匸於』去 代表 from、『溯匸於』去 代表 that which is derived from；雖然前者只替代一個字、後者類似替代了很多字、像一個巨集，但兩者都能被單獨地當成一個 ppj 在 語法樹上 去 被使用。

　　這種巨集觀點可被運用 去 思考英文字料。比如 from 可某種程度上被視作 assuming an origin of 的 巨集，且 在該巨集中，最後的 連接工具是 of，只是無痕 於 from 這單字裡 。該觀點把 from 當成一種限定情境的 of 去 思考。就好比咱先前説『從匸於』有『匸於』的 痕跡，像是一種限縮指定的『匸於』，咱很快就會細論 於 3.1.4。

　　在英文裡，有些姿態調整用改變語序 去 完成，而 相對地，在日文裡用改變格助詞 去 完成。比如英文説『His profession is teaching』和『Teaching is his profession』去區分強調挨忒者爲 his profession 還是 teaching，兩者搭不同語序。在日文，該兩者區隔可能被呈現 忒於 類似『His profesion は teaching です』和『His profession が teaching です』的 差異。這類區別比較枝節，因爲該類差異並不改變相互關係 介乎 his profession 和 teaching 間，只改變了講者的意圖。

3.1.2 重構 和 介連詞〔restructuring & ppj〕

　　前著 [1]1.8 節提到，連接詞句片段像連接一眾火車廂，需要一套好的 掛勾 去 快速可靠地銜接眾車廂。在 真的 火車業的 歷史裡，詹式車勾可作爲一例 [8]；在 語法裡，相對的 角色就很像 介係詞 和 連接詞。該 [1]1.8 節還舉例，說『於』字 和『其』兩字是關鍵予 實現RB 在內於 皙例句『滯迴曲線是極重要 於 磁通閘應用，其通常搭配交流 H 場』。該句中，‘於’字就算一種介係詞，而‘其’字則屬 於 代詞、將被申論於 3.1.5。該兩關鍵字讓修飾是就近的、尾隨在 關聯物後的、還保留其前方的 完整性，即任選一 於 該等關鍵字料 並 削掉其以後的 尾料仍能保證所餘前文成句且 正確。這使得語句概念能線性地 往長遠處發展，其間的理解過程無須跳躍地回溯穿越，但又同時可被精簡地用僅僅頭一小段文字 去 概括。

　　但，這類連接性的 一眾詞彙，很多時候各身兼多職 在國文裡，導致其角色不明確、不利 於 文法分析，或者說，因此模糊了其關鍵性的 角色、引發了多餘的 錯覺、並 因此限制了部分的 應用。

　　比如稍後的 3.1.6 小節寫了一句『所擇時間 於 該夾角爲大於 90 度 介（乎）（於）磁場 和 轉軸間時』，其中‘介’字雖本爲動詞，但經過詞性重構後被做爲介系詞使用。但對部分讀者來說，‘介’字給他們的 第一印象是有‘介入’概念的 動詞。這種印象會製造阻礙 於 閱讀，讓讀者需要

多餘的 判斷過程，比如讀完後文，才能確認語意。因此該‘介’字後被括弧了一個‘乎’和‘於’字，意味‘介乎’、‘介於’、或‘介乎於’才是本意，即應被視作介系詞，而沒有被視作動詞的 可能性。在這個例子裡，咱進行了重構在‘介’字、加上了一個‘乎’字 或‘於’字 去 改變前者的 屬性、消除了‘介’字的 動詞意圖，只用其動作特徵去 修飾限縮‘於’字 到 一特定的 範圍，讓‘介於’必然爲 between，而不會有機會被誤解爲‘on、at’等其它關係。這種限縮詞性範圍的 方法被稱作『重構』於 本書。

　　很多國字都很有重構的 需求 在 應用層面上。最普遍的 重構方法就是加上一個‘於’字。只要多加了這個字，其前方的 一摺字彙就能被重構 成 介係詞 或 連接詞（preposition or conjunction，以下簡稱 ppj）的一部分。比如，若 咱稍改圖 3-1(C) 的 例句 成：『一步驟 匸於 貼合樣品 伴 於 黏劑』，咱就能很清楚地看出‘匸於’和‘伴於’都屬於 連接詞 或 介係詞，因爲兩者都有‘於’字殿後 去 重構其前方的 一摺領頭字料。此時，‘匸於’代表 of、‘伴於’代表 with，沒有被誤會成動詞的 可能。也因爲這種通用性，‘於’字被本書稱爲一種通用介連詞。即，任它前方網路線 參差不齊、‘於’字殿後一壓就變成一個標準 RJ45 接口 的 味道。

　　但是僅靠加‘於’字 去 重構不足以滿足簡便需求 於 所有的 應用之眾。比如圖 3-1(C) 的 原句爲：‘一步驟 去 貼合樣品 伴 黏劑’，就利用‘去’代表 to、‘伴’代表

with。這有兩個原因。其一是 由於 國文的 某些動詞料 各有身兼 ppj 的 慣例一眾；其二是 由於 省略‘於’字有時提高了效率 在 口語 和 書寫上。因此這裡迎來重構的 第二部分，即，系統性地表列那些不加‘於’字的 ppj 一眾，使其可被運用 忒于 不會被誤會的 情況之摺，且 使其 可被查閱、養成習慣，讓用字遣詞能有一種標準化的 方法 當 該方法被需要時。

以下舉重構的 例子數款，其搭上了雙疋系統後，更顯重要。咱先巡視下圖 3-4 的 三個欄位，再往細節處看。『PPJ』欄位的 一眾英文字可被表達 於『精簡重構』或『通用重構』的 双拼字料。其中，‘精簡重構’表示僅一字 或字尾沒有‘於’抑或‘于’，且 被限縮詞性 到 指定的 PPJ 類；‘通用重構’表示兩字以上 且 字尾有加‘於’或‘于’去 限縮詞性 到 PPJ。

比如，當‘於’作爲一 PPJ 去 專門代表 of 時，其被認定使用了‘精簡重構’，因爲僅一字；當‘匚’字後方加‘於’去 得‘匚於’兩字 而 專門做爲 PPJ 去 代表 of 時，該兩字被認定使用了‘通用重構’，因爲字數算兩字以上且 字尾有‘於’字。

（註：‘匚’字發音如‘方’，原意爲放物的 器具，因爲其能間接地傳達分類、從屬地方等諸概念，也諧音方向的 方，故用‘匚於’去限縮 到 of 的 概念、且 作爲一 PPJ。另一關鍵好處是 在於‘匚於’的 双疋字群只有兩個單筆料。）

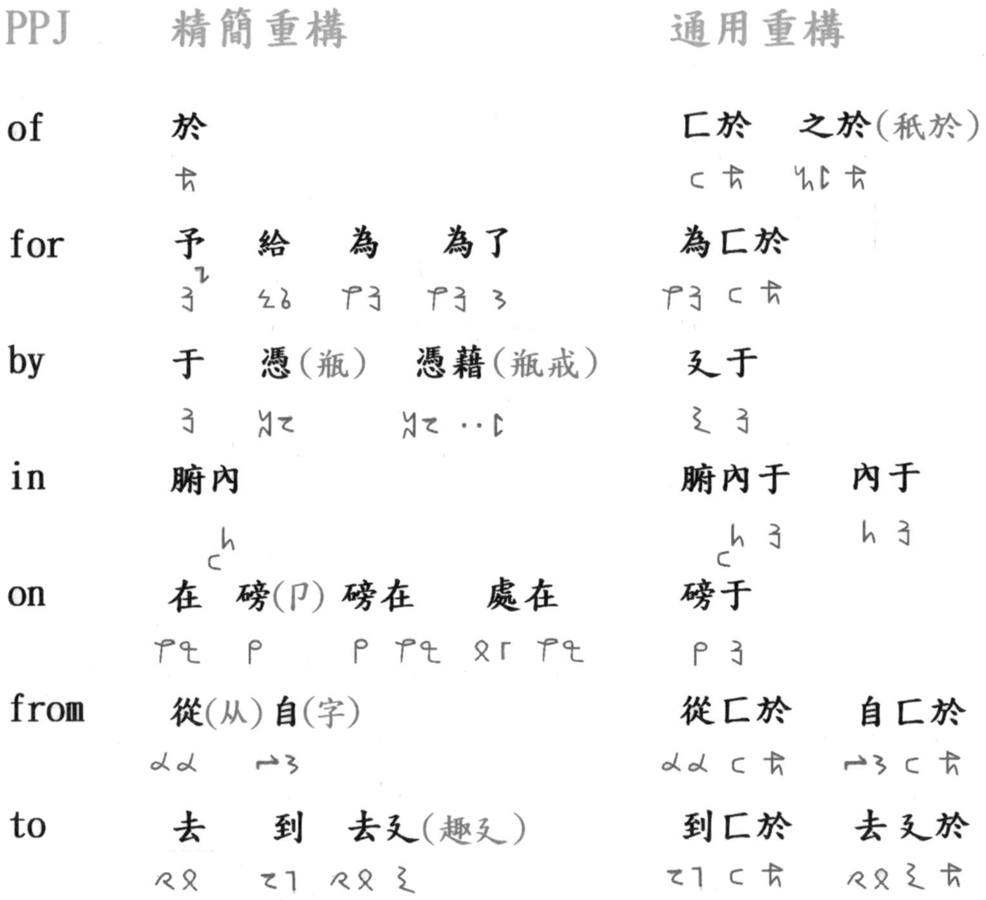

PPJ	精簡重構				通用重構	
of	於				匚於　之於 (秖於)	
for	予　給　為　為了				為匚於	
by	于　憑 (瓶)　憑藉 (瓶戒)				爻于	
in	腑內				腑內于　內于	
on	在　磅 (ㄗ)　磅在　處在				磅于	
from	從 (从)　自 (字)				從匚於　自匚於	
to	去　到　去爻 (趣爻)				到匚於　去爻於	

插圖 3-4　用精簡重構 和 通用重構 去 搭配疋系統 去爻 表達一衆 PPJ

又比如，上圖的‘從’字可採取精簡重構 去 專門地代表 PPJ 給 from 的 概念，因爲該字數僅爲一、且 字尾沒有‘於’或‘于’；若採取前述的‘通用重構’手段 則可使用‘從匚於’和‘自匚於’等彙字 去達該 PPJ 概念，因爲該兩者皆算兩字以上、且 字尾都有‘於’字。

上一例可助說明何以咱要使用兩種重構摺款 和 如何運

用合適的 重構摺款。比如咱會用一種正序句型如『他開車 從 台北 到 台中』，但 其中精簡重構的‘從’字有侷限性，導致咱很少倒序地說『 他開車 到 台中 從 台北 』。

　　怎麼會這樣？爲何它令人感到怪？ 因爲國文裡很多 ppj 其實本身兼動詞 而 非專被用作 ppj，比如該句裡的 ‘到’字。因此該正序語法給人一種語感 在‘如何地達到 台中’，即正序的‘從台北’給人一種整體爲副詞的 語感，雖然它並非眞擔任如此詞性。換言之，當咱採取該倒序方法 去 先講‘到台中’，再講‘從台北’時，有一種先講動詞再 講副詞的 語感，而這，並不被慣用語法採納。一種奇怪感 隨之翻騰 而 出。其次，‘從’這個字本身也有機會被當成動 詞，但若 如此，其意義爲跟從，不同 於 原款語義。因此，聽者有理由多種 去 感到奇怪，雖然他仍能從前後語法推敲 出文意，但他自己不會傾向這麼使用。換言之，肇因於 一 個中文 ppj 經常本身帶有動詞 或 其它特性，ppj 應有的 一 摺語感經常就隨之被扭曲，導致很多本來可以 RB 的 句型 變成無法 RB，而必須以類似副詞性的 LB 去描述。這類問 題特容易發生在 精簡重構。

　　大家想想，這不是很令人莞爾？好比明明有著雙向車道 去表達『from 台北 to 台中』和『to 台中 from 台北』兩者、卻在後者車道標示此路危險有干擾、請勿通行，讓雙向道變 成了單行道。

　　了解了問題癥結後，咱就能對症下藥，那就是 - 利用通 用 ppj 去 重構詞性，讓通用重構詞無庸置疑地成爲 ppj、同

時卸除其它語感干擾的 可能性。這裡，『通用 ppj』指的就是『於』和『于』，因爲它們本身各別單獨就可承擔 ppj 任務、也可尾隨其它彙字 去 通用地產生重構詞料。

　　若咱使用『從匚於』（唸作‘從方於’）去 替代『從』字，前一款例句就可被改寫 爲『他開車 到 台中 從匚於 台北』。這裡，讀者就不會認爲‘從匚於’感覺起來是純動詞，因爲它有一個通用 ppj 的象徵字‘於’。在本句中，‘匚’字幫助脫離慣用接法語感 予 其前方的‘從’字、並產生新語感；‘匚’字也暗示方位、從屬；‘匚’字還連接其後方的‘於’字 去 確立 ppj 的 身分、同時循跡 而有‘匚於’的 特徵。可以説，是一種限縮前方干擾、轉出後方標準接口的 一種做法。

　　咱甚至可用這方法 去 壓制‘到’字的 動詞氣味，而把上款例句改寫 成『他開車 到匚於 台中 從匚於 台北』。如此，咱就可以順暢地連用 RB 且有效地壓制副詞語感。如此，不論咱想先講台北或先講台中，都有橋接的 ppj 可用。

　　本來，僅‘從匚’兩字也有足夠的 語感 去 擔任‘從’的 ppj 任務，但有兩個原因讓咱沒有使用它。第一，咱考慮了一種遞增的 轉移效果；第二、咱企圖消除新詞彙的 不定性。這裡所謂的 轉移效應，是指若字數 於 ppj 被拖得越長，則重點關係將更偏向 於 後者、ppj 語感將相對更濃；反之，若 ppj 字數被縮短，則重點關係將相對地偏向 於 前者、ppj 語感相對較淡。因爲，較接近發生的 兩個字，語感關聯總是比較強的，比如 在『他開車 從匚於 台北』這一片

段裡，‘於’字離台北僅一空格之遙，但 離‘開車’還多了兩字的 距離，因此講到該字時，‘於某某’的 殘留印象就會大過‘開車於’的 想法。咱聽長句摺款時也常常是這樣，聽到後來已經忘記原先主詞講什麼、只記得後頭修飾了什麼，因爲中間隔了其它字一眾。此爲其一。

　　所以若粗糙地比喻，『他開車 從 台北』相對地較注重開車、『他開車 從於 台北』相對平等地強調‘開車’和‘台北’、而『他開車 從匚於 台北』相對地較強調‘從台北’。這也說明了咱可按需求 去 決定如何地重構、是否應使用精簡重構 或 通用重構。

　　圖 3-4 還有很多例子，咱待附錄 A.6 再一一詳述，請讀者務必參考理解。

　　現在，咱先給個形象的 卡通圖 去 加強通用重構的 印象，如下圖 3-5。

　　咱前頁說的 消除新詞彙的 不定性，是指‘匚’這個字是個罕用字 在 舊國語裡，若 不搭配‘於’或‘于’去 確認其 ppj 身分，可能會讓初用者產生疑惑。此爲其二 去 解釋何以咱暫未直接用‘從匚’或‘到匚’這類詞彙 去 做精簡重構。但當 熟練各種重構之後，咱其實是可以這麼做的。

　　『匚於』還能助解決一個萬年梗，可以搭配『不』字 去 得到『not of』或『not』的 效果。比如咱可說『他是 不匚於 一隻驢』或『他不是 匚於 一隻驢』或『他不是一隻驢』去 表達同義。

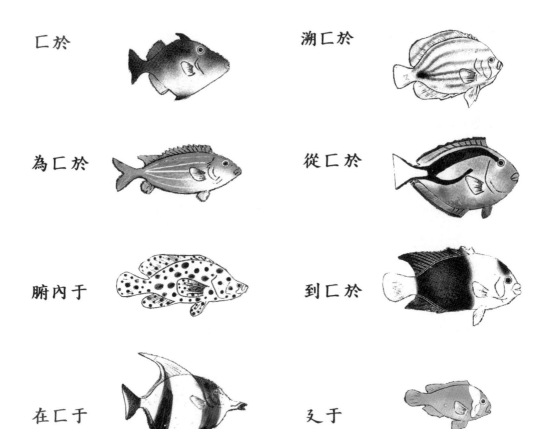

插圖 3-5　用卡通圖 [11] 一眾 去 引發聯想 並 加強記憶 關於 通用重構的 PPJ 一眾

　　這裡開個文學玩笑，若咱把『to be or not to be』翻譯成『匚為 或 不匚為』是不是更有新意 較於 眾傳統譯法？（註：原句來自 '哈姆雷特'，講主角思考擇一 從匚於 兩種極端情況。但對咱而言，借用該句法更有實用價值 較於該句本身。比如，咱若說『甲是 匚於 或 不匚於 整數』是略好過『甲是屬於 或 不屬於整數』，還好過『甲是整數 或不是整數』，更好過『甲要嘛是整數，要嘛不是整數』。其

中首款句型會讓討論精簡明確很多。）

　　爲了加強印象，咱再貼一撮卡通圖 給『匚』字，如下圖 3-6。該字本來代表容器，若搭配其它工具 如 工匠用的 斧（筆者沒有斧頭，所以用其它工具替代），則可成爲‘匠’字，依照古文的 構字方法論。

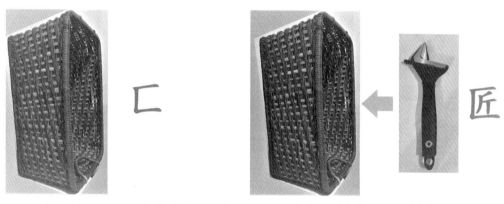

插圖 3-6　用實物 去 表達原意 予 匚字 並 舉 匠字為例 去 幫助記憶

　　當 被後接‘於’字時，‘匚’字可被想象成魚簍，去 搭配兩圖前的 圖 3-5 裡的 魚群。

　　有了這種基本用法。我們就可以雙向地使用語序，比如用『我是前輩 匚於 他』去 等價地説『我是他的 前輩』；又比如用『甲是一函數 匚於 乙』去 等價地説『甲是乙的 一函數』。若有這樣雙向的 選擇，未來不論溝通 或 理解外文書，都能少很多彆扭。這也算一重大功能 於 通用 ppj。

　　也因爲這個通用 ppj 的 角色，哲單筆料 之於‘於’字和‘于’字，被歸類 忑於 單筆集的 第 14 族 於其 又被稱爲‘特殊’族，即，該族成員皆有語法上的 重大特殊用途一

摺。序號 70 和 序號 72 的 兩單筆料因此大量地出現 在 圖 3-4，而 同族剩下的 71 號 單筆 則 將被用 到匚於 下一節 去 處理被動式的 語法一眾，其解決國語裡的 一些百年沉疴。

3.1.3 字尾變形 和 被動式〔inflexion & passive voice〕

上一節的 通用 ppj，其實很有字尾變形的 味道，因 爲，它的 任務之一就是 去 附掛 在 別的 字料後 去又 轉態 到 ppj 之摺。

字尾變形一事被講述 忒於 前著[1]2.8 節 和 4.5 節。本 小節承先啓後，將完成其未竟之功。咱先再次用一個形象 化的 比喻 去 起頭。字尾『變形』感覺起來有點像字尾『曲 折』（flex）。若用飛機的 尾翼結構 去 比喻，那就有點 像它的 尾舵（rudder），其偏折方向可控制飛機的 左右偏 移。恰好，在單筆集裡，序號 42 的 單筆可很形象地去表 達 inflexion 的 這層意義 ，如下圖 3-7 所示。該單筆優先對 應國文『又』字，本身具有長途行進之意。因爲該碼具有尾 翼的 輪廓，所以 當 被加在字尾時，該字可給人一種控制行 進的 感覺。這單筆若被恰當地使用，則可解決國文的 坎多 種。

插圖 3-7　用一機尾 和 其輪廓 去 對照第 42 號單筆 並 比喻字尾變形[1][12]

　　朋友們孰玩過飛行類電玩遊戲者，都很清楚，若要控制飛機去 向左 或 向右飛，不只可使用尾翼，還可使用襟翼（flap）搭配去作出側翻（roll）動作。但，該搭配動作讓整個飛機產生巨大的 空間變化，遊戲操作者很容易在側翻時同時地改變上下位置 而 造成飛機失控。換句話說，在遊戲裡，僅憑尾翼去產生方向變化，比較像微調 且 保留飛機姿態的 其它特徵多數，很像語言裡‘字尾變形’的 角色。好比 在 英文裡，drive 和 driven 藉由字尾變化 去 表達不同意義一般，機身主體 drive 不變，但 是否機尾多撇出一個 n 則 決定了主動 或 被動態。這種用微調的 方式可以共用主要的 特徵多數，僅微調音節的 結尾方式，感覺起來不像新造一個字。

註：上圖 3-7 的 飛機尾翼圖乃修繕 忒于 小畫家軟體 去 移除原飛機的 商標。原實體被展示 忒于 松山機場的 某櫥窗 [12]。

　　在國文裡，‘ㄣ’字可解決很多的 梗。這歸功 於‘ㄣ’字除了有行進之意、且 同音 於『引』，故可借『引發』之寓意 去 修飾一眾詞彙。

　　比如傳統上有些梗 關於 把 enable 翻譯 成‘賦能’或‘賦可’，但 這實在很拗口，且 前者需 4 個單筆 去 双足化、後者又聽起來不雅，有鑑於英文 和 日文裡都常用 k 子音 去 搭罵人話。

　　若用『賦ㄣ』或『ㄣ賦』作爲及物動詞 去 表達 enable，或甚至用『賦ㄣ 到 ...』去 作爲不及物的 一撇用法，就能擺平那些舊梗。因爲，前者僅需 3 個單筆，可助強調主動者；

後者利用後加 ppj 而 可 表達強調修飾情境，且發音上更有「en」的 音韻、同時讓前者「賦」字佔兩個單筆碼（57,46 或 58,3）去 看起來像有尺寸 大於 只有一個單筆的 42 碼。意味著「賦」是主要概念，而「又」乃所需字尾 或 字頭變化 去 引導「賦」的 概念。（註：57,46 也被「職」字使用 在 A.2，故須捨棄一者）

　　另一大梗是 關於 被動式。前著[1]4.5 節雖運用『忲』字 去 表達被動態，但 僅「忲」一字尚無法同時清楚地標定 passive、eventive、stative、和 adjectival 等一眾特徵。比如若咱想表達『the signal is amplified』，只憑「忲」字表被動 去 直翻會變成『這信號是放大忲』，導致有不足感，因爲忲必須身兼「被」和「的」等概念兩款，即一個字需撐起 passive 和 adjectival（以下簡稱 adjl）的 一摞概念，而「忲」乃 從匚於 一罕用字，不易讓人同時有該兩款感覺。

　　解決的 方法是增加一個字 去 標示被動，並用「忲」字搭配它去標示 adjl，但 讓兩者的 合併發音可被退化到一個音節。

　　若 舉一例讓句子結束 於 adjl，咱可說『這信號是放大挨忲』或『這信號是放大挨的』，其發音分別可 如「這信號是放大 /aɪt/」或 「這信號是放大 /aɪd/」。其中「是」和「挨」傳達了 stative、passive 且 不爲 eventive，「忲」或「的」則代理了 adjl（註：忲字的 發音可視情況選爲一聲、四聲、或退化的 子音）。若要表達 eventive、passive、和 adjl，則可說『這信號被放大挨忲』。

舉另一種例讓被動後還用 ppj 接 RB，咱可說『這信號是放大（挨）怵于 一放大器』，則挨字可略可不略，<u>怵字向後結合于字變成一被動式的 ppj，這也是較常見的 情況</u>。同理說『這信號被放大 怵于 一放大器』只是改 stative 爲 eventive。

若只要 passive 和 eventive，且 若完全不要 adjl 抑或後接 ppj，則只要説『這信號被放大』即可，如傳統的 講法一般。

口語上，咱甚至可説『這是旋轉挨的 螺絲』去對照『這是被旋轉的 螺絲』也行。很順口、很實用，甚至還可再被細分。

所謂再細分是 在 stative 和 adjl 層面，比如 若 要強調被放大前的 狀態不同 於 被 放大後的 狀態，就可以借助『又』字來完成個任務。且 當借助‘又’字時，可選擇性地省略‘挨’字。

舉例説，『這信號是放大怵又者』代表『這信號是被放大後的 那個』；『這信號是放大又怵者』代表『這信號是被放大前的 那個』。

同理『這是放大怵又者信號』代表『這是被放大後的 信號』；『這是放大又怵者信號』代表『這是被放大前的 信號』。

這並非僅僅換了一個講法，而 是有獨特的 好處一摞。因爲咱可用『又怵』、『又怵的』、或『又怵者』去 代表經被動前的 狀態 或 物、並用『怵又』、『怵又的』、或『怵

ㄡ者』去 代表經被動後的 狀態 或 物。

　　換言之，被放大前的 月亮、瑪莉歐、或照片都可被稱 為'ㄡㄤ的'、而被淹沒後的 村莊、寶藏、和 宮保雞丁都 可被稱為'ㄤㄡ的'。

　　『挨、ㄤ、ㄡ』三字合作可助強化國文的 被動語法， 甚至在某些層面更細緻 較於 外文。其一原因為：'挨ㄤ、 ㄤㄡ、ㄡㄤ'三者都可被退化 至 單音節，且 所轄双拼字料 都可各 少於 或 等於 三個單筆，是種很有效率的 選擇 其不 違背諸字料的 原意。'挨的'雖然須四個單筆，但因為特別 順口，故可被擇機使用。

　　有了受規範的 被動格式，咱就多了很多自由 去 調整語 序。比如，從前咱說『他被一球棒打』，現在咱可改說『他 被打 挨ㄤ于 一球棒』、『他被打 ㄤ于 一球棒』或『他被打 ㄡㄤ于 一球棒』，不只可倒敘先講打再講球棒，還可以搭 配不同重點的 強調方式一眾。

　　又比如英文說『he is considered to be the greatest』， 此時咱可以等價地說『他是認定 ㄤ為 最棒的』，也可以說 『他是認定 ㄡㄤ為 最棒的』。光是這一擢 inflection，就不 知道增加了多少句型之眾 給 國文。這感覺好比本來只能用 自己的 臥室，但 現在家人都搬到新居了 從而 自己就能用 整間公寓一般。

　　還有一個梗可被『ㄡ』這個詞尾變形工具解決，比如咱 常用的 to 字若只被翻作『到』或『去』有時會有違和情況， 此時用'ㄡ'去 做字尾變形可解決問題。

　　舉一例説，『I drive to a park』被翻譯成‘我開 去 一公園’，而『I compete to win』可被翻譯成‘我競賽 去 ㄠ勝利’，兩者都有‘去’字去對應 to，但後者加了‘ㄠ’的詞尾變形 去 表達條件、目標、和 使命，而非單純的 時空方向終點。

　　綜上所述，‘ㄠ’字是個珍貴的 字在中文裡，因爲它能扮演字尾變形去解決一眾問題包括精進介連詞、動詞、甚至被動態的 描繪。關於其它的 眾功能 匸於‘ㄠ’字，讀者可見附錄 A.6 去 參考更多的 細節。

　　以下咱開始用一些圖撂 去 複習一遍本節的 主要工具詞料。咱先看下圖 3-8，其主要想説明『匸於』、『忎於』、和『腑内於』這一眾設計。

　　其中下圖左説‘武是一函數 匸於 戈’，意思乃 同於‘武是戈的 一函數’、又是 同於 英文的‘武 is a function of 戈’。咱先不管這函數傳回啥數值，咱關心者爲，哪一撂好處可得 忎自於 用‘匸於’去 替代‘of’？

　　下圖的 藍箭頭之眾給出了部分的 答案撂款：若 這麼做，則可合併 出 拼筆字料、又不會重複 於 其它双拼字料内於 A.1、因此可凸顯 ppj、避免零散。咱可見，該種合併給出較高的 可讀性。

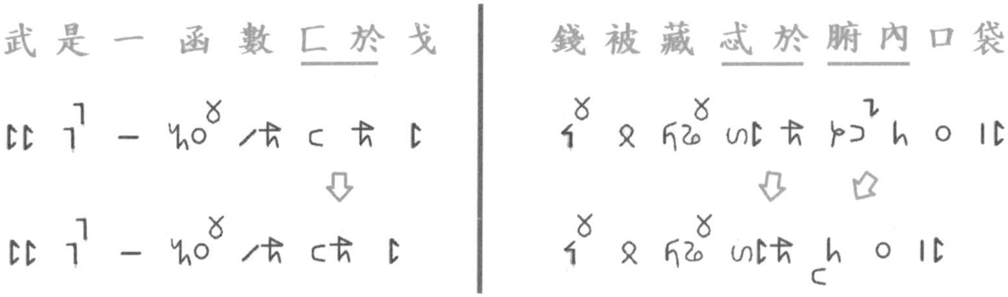

武　是　一　函　數　匚　於　戈　　　錢　被　藏　忒　於　腑　內　口　袋

插圖 3-8　兩個範例 去 說明哲設計思路 予 圖 3-4

　　上圖 3-82 的 右側也進行了合併 在‘忒於’的 兩單筆料、給出了一個三拼的 拼筆字、且 依舊不重複 於 其它的 双拼字料 在 A.1。該側的 句子本來只須說『錢被藏 腑内於 口袋』，若 使用通用重構；該句子本來也能改成『錢被藏 腑内 口袋』，若 使用精簡重構；甚至，該句本來也能被改成『錢被藏（忒）於 口袋』，若不想那麼積極地限縮。上圖 3-8 同時運用了被動的 一般概念 和‘in’的 限縮概念，目的是 爲了 示範。

　　上圖 3-8 右側的 兩個箭頭藉此示範 去 表達兩件事，其一 如上所説，『忒於』的 合併拼筆字沒有機會被誤解 成 另一更搶眼的 字組，不像『錢被』可能被誤解成『前輩』；其二 如右側的 藍色箭頭標示，『腑』的 拼筆字可被子音化 去 合併『内』的 拼筆字 去又 表達 in、inside、或 inside of 當接續『忒於』時。這種合併有非常突出的 一摺視覺效果、很有助閱讀分析、且 同樣地不會重複 於 其它的 双拼字料 在 A.1。因此，精簡重構 和 通用重構 在 圖 3-4 考慮到了聽說讀寫四個方面，不是只著眼 於 單一考量。

　　當咱發現『匚於』這設計有助 於 運用合併彙字，咱就能開始逐漸地理解何以 3.1.1 講『溯匚於』作爲 一巨集 去代表『that which is derived from』。咱立刻補上例子一眾在 下圖 3-9，去 助理解這一層面。

　　下圖 3-9 有三行字。咱可發現『溯匚於、從匚於、到匚於』等三個 ppj 不只是通用重構，還採取了合併字策略。這麼做提高了可讀性，讓文字不散亂，因爲大家一看到四個單筆湊成一拼筆就知道它屬 於 ppj，八九不離十，因此閱讀時可拆分 ppj 的 前後部分摺款 去 分別理解。這種清晰的 斷詞方式很有助 於 聽説讀寫。

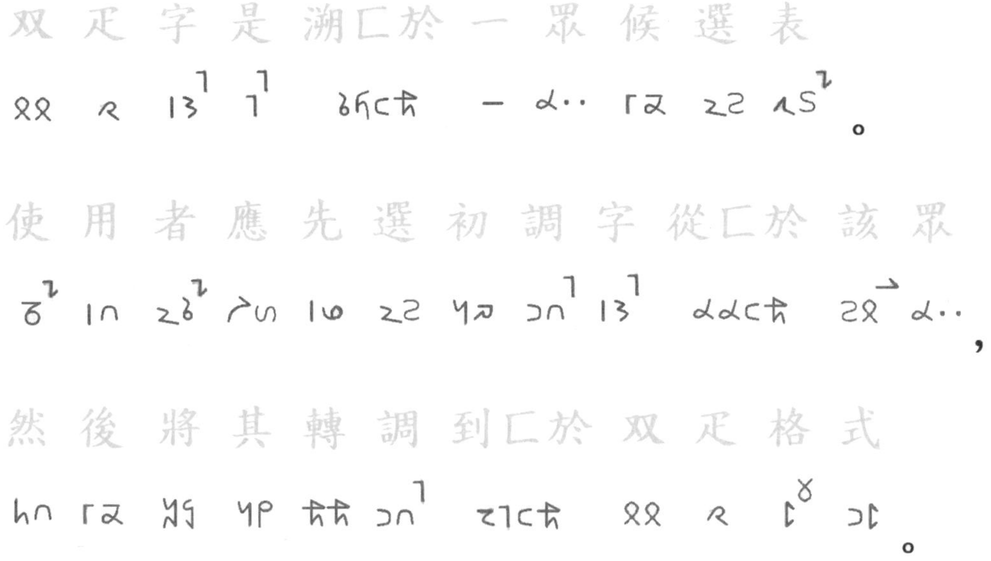

插圖 3-9　示範語句一摺 去 展示通用重構的 ppj 一眾 於其 各合併了幾個拼筆字 去 助閱讀

其次，上圖 3-9 區隔了‘溯匚於’和‘從匚於’，前者代表‘that which is derived from’，後者僅代表‘from’。關鍵乃 在於 前者強調 derived from，後者強調 directly from。

這個好處是巨大的，因爲若咱沒有‘溯匚於’這個 ppj，咱可能就得說‘双足字是由一眾候選表去選字並變化來的’，這樣講不只冗長、句型跳躍、還在概念上有點模糊。

當然，咱可以替代上圖的‘到匚於’成‘到’作爲 一精簡重構字。這樣確實也能被寫得更快，也是一種彈性掌握忒于 使用者。

上圖 3-9 還展示了另一種彈性，即不只引用一個候選表。咱可看出『是、使、式』三字使用了不同的 初調字料在 同一個音群。這種彈性是不具備 忒於 其它拼音系統之眾的。另外，爲了更工整地展示，『到、應、足』是 溯匚於 A.2，而非 溯匚於 A.1。

爲了更進一步方便閱讀，很多常用詞可被組成 忒于 合併字的 形式，這裡暫不展開多述。筆者認爲只要先熟悉了關鍵，進一步的 優化就會水到渠成。

至此，咱可說前三小節用一種‘集群兵種’的 態度 去面對 ppj、字尾變形等內容。這個比喻是 溯匚於 一眾歷史。比如，集合一眾騎兵 去 做機動突擊、用一眾長槍步兵圍成方陣 去 防止騎兵衝擊、或 比如近代用一眾工兵 去 進行排雷架橋、用一眾裝甲兵 去 進行縱深包圍等等。

以上這些集群兵眾都依賴集中數量、標準化規範、和

協同行動 去 提高效果。回過頭說，咱先前的 通用重構策略，就好比讓彈藥能通用 於 各款武器之間，展開兵力時仍能彼此支援。從協調的 角度說，咱的 句法協調也演化 成集群兵種的 協調，而非僅僅是單兵的 協調、也不是零星地規範 忒于 習慣。

　　之後針對代詞類時，咱也將是這個態度。

3.1.4 橋接成分 予 一句〔briding parts for a sentence〕

　　咱現在要運用前三小節的 一眾工具，包括 ppj、字尾變形、被動式等，去 表達同一類概念 于 不同的 順序。若用 3.1.1 小節的 圖 3-3 去比喻，就好比咱現在要讓主角開著一台三蹦子 去 巡訪『我、樹、松鼠』等三彙字，還要求表達出皙概念 於‘我看這樹上的松鼠’。假設咱願意給些彈性到 巡訪方式，允許這些巡訪點之眾 去 彼此交換位置，則有哪些選擇可讓咱運用呢？

　　首先咱可先理解咱將巡訪『主詞、受詞、參考物』三部分，這裡分別指‘我’，‘松鼠’，‘這樹’。然後咱至少有六種順序去構句，若不使用‘又’字輔助：

1. 我 看 這樹上 的 松鼠。
2. 我 看 松鼠 其位於 這樹上。
3. 這樹上 的 松鼠 是看挨忒于 我
4. 這樹 是皙（處）忒朝其上 我 看 松鼠
5. 皙松鼠 是看挨忒于 我 忒在 這樹上
6. 皙松鼠 於 這樹上 是看挨忒于 我

而且，若 咱刻意地不使用就近修飾，則 還有另一種特別的 説法：

7. 晢松鼠 是看忕于 這樹上 挨（忕）于 我

以上 6+1 種構句法裡，劃線部分類似橋身，剩下的 部分類似橋墩。咱的 策略很簡單，先把橋墩都擺好了，然後把橋身放上去。這一眾橋身可能是動詞 去 表達主動 或 被動、可能是 ppj、可能是標點符號（或 短暫停）、也可能是所有格。即是説，若 咱要隨時準備應用這六種變位擺款，則 咱必須有充分的 一眾工具 在 主被動方案、ppj 方案、和標點 及 所有格方案。説最少六種是 溯匸於 數學裡的 排列數算法。

這也可側面地説明何以 在 前幾個小節咱要談 ppj 去 作爲特殊兵種、談字尾變形 去 表達被動式等等。因爲，唯有當這些種類被完善時，使用者才能依情況擇任一 於 該六種語序擺款，從而 做到 '無論橋墩料出現 於 何種順序，咱都能找到合適的 橋身料 去 依序橋接'。如此，無論讀者先想到哪個橋墩，他都能成句，且 最終整句都不甚偏離原意。這種訓練對臨場溝通至關重要，其能助迅速循聽者言語脈絡、時空脈絡、或 視覺脈絡 去 釐清關係，並 助相互理解。

顯然地，咱通常不使用 5、6、7 三種句型，尤其是第 5 種句型。即是説，若一講者先想到 或 講了『松鼠』和『我』兩個詞，他可能無法順利下樁，而 需要贅加補述 並 重啓於 其它句型一擺如 1、2、3，或是用『晢松鼠在這樹上被我看』這類的 講法，但這感覺起來好像有進行中的 味道，而

且 似乎有可能意味松鼠主動給人看，這些令人分心的 眾想法就稍不同 於 句型 1 的 本意。這就是句法不全的 壞處之一 — 所需材料到用時方恨少，遇到亂流可能就失速。

　　換言之，有些語序天生就要求著講者有更高的 鑑別力和 精密度。比如上頭的 第 4 種句型，若用英文表達，就是 'the tree is the one toward which I see the squirl'。顯然中文裡這類句型較少，咱憑藉『晢（處）忒朝其』才順利重現了 'the one toward which' 的 語序概念。再說上頭的句型 5，用英文直翻似乎是 'the squirl is seen by me on the tree'。乍看起來好像沒啥問題，但若咱把 me 改成 camera，原句就變成 'the squirl is seen by the camera on the tree'，隨此讀者就會開始懷疑，到底是松鼠在樹上，還是相機在樹上？若用就近修飾的 觀點，這得指 '相機' 才對。上頭的 句型 5 可以避免這種疑惑，因爲該句用 '忒在'，而不是僅僅 '在'，也因此明確地標示 '這樹上' 的 概念是優先地 關聯於 '松鼠'，而非優先地 關聯於 '我'，即使前者並非被就近地修飾 忒于 '樹上'。

　　上一段的 兩例說明，當橋墩料被換位後，其將產生複雜度不盡相同的 關聯法之譜，有些剛好落 在 某些人的 語言死角，即弱點區。因此，若 咱有一個軟體，對同一個意義 去 展開 于 不同的 語序摆款，咱就能記錄自己的 一眾習慣、統計自己的 諸弱點，然後針對該一摆弱點 去 練習改進。

　　比方說大家寫完一篇文章，該軟體就會針對合規範的等效排列句法一眾 溯亡於 一種 S-V-adj-N 的 格式 去 統計

自己各用了怎樣的 比例 在 上述1~7的 型態，然後進一步地要求軟體 去 調配比例 去又 產生某種‘文風’。這種最簡單的 練習能幫助咱理解此刻文風的 意義何在。

這也可給寫作者一個相對的 概念，即是說‘所謂最佳是決定 挨惢于 目標 匸於 優化的’。這就好像把最漂亮的髮型、臉蛋、胸背輪廓、腿長衣著兜在一起不一定得到最性感的 外觀一般。好比當大家想吃滷蛋拌飯時，不會管魚翅到底有多好吃、營養價值有多高。

同樣地，在 本小節末，咱依舊用双疋系統 去 巡一遍前述一眾句型。下圖3-10巡了一遍句型1~3於 本小節。其中，爲了方便展示，『上、位』兩款字引用A.2，而非 如剩下諸字引用A.1。

下圖3-10還有一個特殊處，就是‘樹’的 双疋字有一摞多餘的 四聲轉調號。這是爲了表示該字的 原楷體並非初調字‘术’，而是同音的‘樹’。這種多餘轉調是 一種常用的 技巧，很有助 於 閱讀。

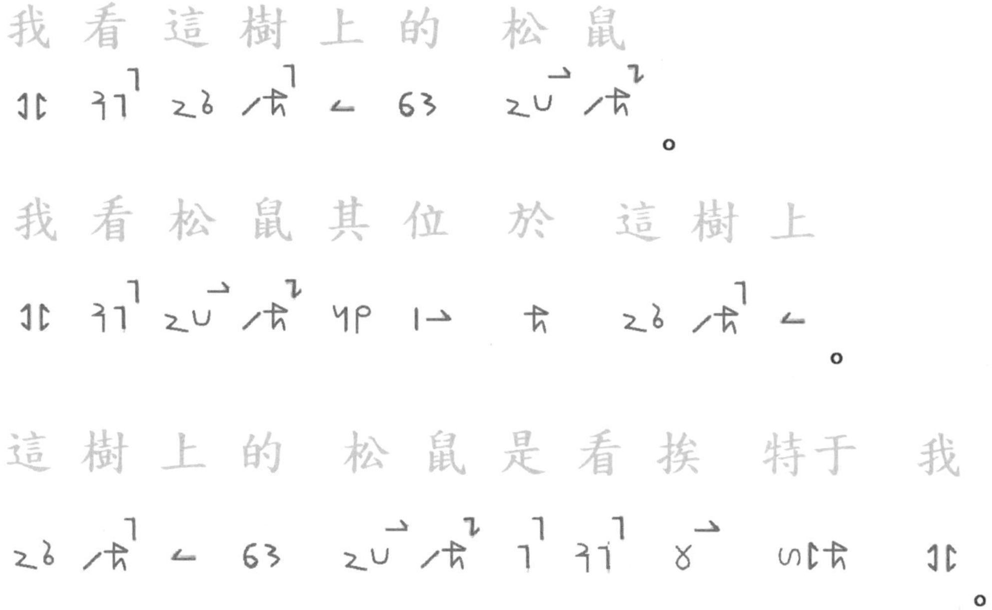

我 看 這 樹 上 的　松 鼠

我 看 松 鼠 其 位 於　這 樹 上

這 樹 上 的　松 鼠 是 看 挨　特 于　我

插圖3-10　用句型 1～3 去 示範加大空格料 在 周圍於 ppj 一眾 和 所有格一摺

　　下圖 3-11 依託句型 4、6、7 去 展示不同程度的 一摺合併，但，該一摺不是唯一的 主導者 關於 視覺效果，另一個主導者是空格料。空格的 運用法之譜有不同處 介乎 下圖的 楷字群 和 双疋群間。楷字群有字間空格料 和 特定詞的前後空格料，後者寬度較大；双疋群還多一種空格，那就是左右單筆的 間隔 之於 一双拼字。因此，双疋群的 三種空格須更斟酌大小。若用全交錯列說，網格相對尺寸會決定左右單筆料的 間距、且 通常兩双拼字相距一空格、若 遇特殊詞彙 如 ppj 則 咱各給兩空格 於 其前後。這是簡單手段，不是唯一手段。

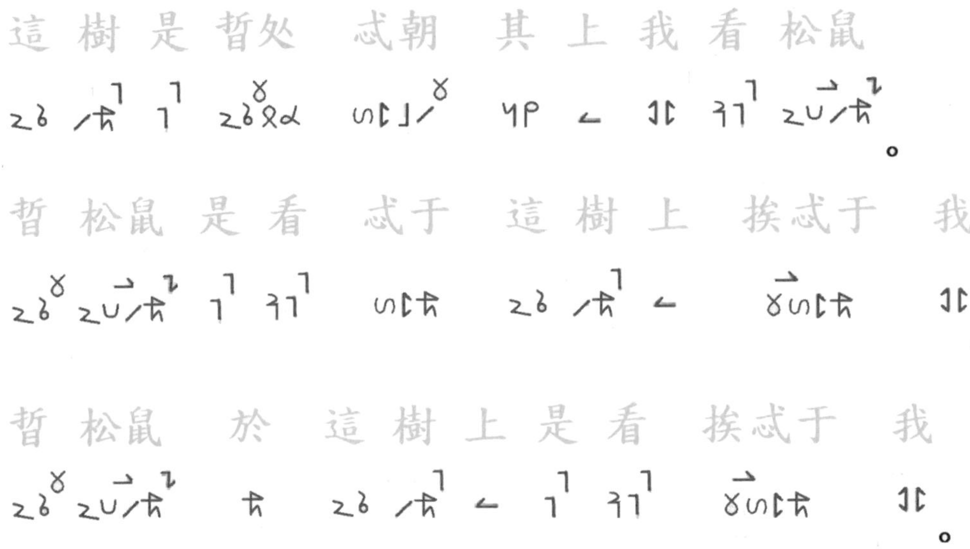

這 樹 是 皙処 戉朝 其 上 我 看 松鼠

皙 松鼠 是 看 戉于 這 樹 上 挨戉于 我

皙 松鼠 於 這 樹 上 是 看 挨戉于 我

插圖 3-11　用句型 4～6 去 示範更多的 合併字 和 更多的 加大空格

　　咱現在來看前著[1] 如何地建議空格運用 于 其 10.2.2 小節。

　　該小節説：『建議選擇性地加空格於特定詞性邊，但非全部』。該小節的 例句 1-10.2 給出一個實施例如：

　　『霍爾元件 運用洛倫茲力 去 產生微小的 電壓差』，該句的 空格原則是：1. 給一空格 前於 動詞（如‘運用’）；2. 給一空格 到 左右兩側 於 ppj（如‘去’）；3. 給一空格 後於‘的’字）。其中，原則 2、3 已被本書大量地運用，原則 1 被本書忽略。

　　因咱想觀察怎何 而 原則 2、3 可被實踐 在 双足系統，故，圖 3-11 和 圖 3-10 也基本循該等原則 去 辦，且此時諸空格距離是衡量 戉於 双拼列。可見，空格效果 和 其它的 視覺效果還可再優化，就像文書軟體有 N 多種字體格式 去

供選擇一般。

　　以上諸原則沒有考慮到『其』字，但該字作爲一種代詞也有重要的 RB 接口功能一眾。所以，咱將利用下一小節去 提方案 給 一眾這類關鍵字。

3.1.5 代詞 / 疑問詞 彙字〔pronouns & interrogative words〕

　　咱在 3.1.2、3.1.3、3.1.4 小節都提到要特別分類地整合代詞集群 去又 助調整語法。先前也說這企圖是 溯匚於 集團兵種的 一眾歷史經驗。若用更民營化的 一種比喻方法，咱可以說該種整合並非單純的 相加，而比較像一個公司進行組織再造 隨屆 其收購眾子公司後。商場上的 術語是 re-structuring，其有諸多相似點 之於 咱講的『重構』；之前咱重構了一眾 ppj 和 字尾變形，現在咱將要重構代詞。

　　若借鑑商業的 組織再造，咱知 隨屆 一母公司收購一子公司後，職能重疊的 部門數個可能被裁撤 或 身兼多職 或身兼它職 去 優化整體效能。之前的 字尾變形『忲』字就是如此，它原是個罕用的 動詞、但現被咱委任去 處理被動態予 其它動詞料 和 介連詞料。這就好像一個人才原先被擺著荒廢，但咱請他 去 發揮能力 在 更多元的 一眾舞台。

　　在英文裡，有些代詞抱團地身兼兩重要職群。其中一摺用 wh 開頭，有時擔任代詞、有時擔任疑問詞，比如 what、who、which 等字。有些可能擔任 ppj、代詞、或 疑問詞，比如 when、where 等 [4]。

註：請讀者先專注 於 用双足系統 和 重構 去解決聽說讀寫的 一眾問題。關於 嚴謹的 語文科學問，請讀者求教 於 專業老師們。

在上述抱團的 那一眾裡，which 又是更突出的 一個角色，因爲 在 國文裏，它的 職能好比被分給不同的 人員之眾去處理；當 選擇所屬疑問詞時，國文派‘哪一個’去 接洽，但當 選擇所屬代詞時，國文派‘其’去 接洽。本來這樣就沒事了，但偏偏國文的‘其’就像英文的‘其’一般，沒有指定限縮關聯 給 最近者的 功能。

比如這個例句『他有一張最美的 照片，其乃拍攝 挨忒于 麥可』，若 該句循一般國文語法，則 其字代表一張最美的 照片，相較於 其它人的 作品群也算最美，且 是拍攝 挨忒于 麥可 。

但若咱想表達『他有一張麥可拍的 最美的 照片』，又想像先前一般先講照片再講主角，怎何 而 咱才能如願？

英文的 處理法是用 that 去替代 whcih。比如『He has a most beautiful picture that is photographed by Mike』表示了這裡所謂的 最美是評估 忒于 僅麥可的 作品群。若另一句說『He has a most beautiful picture，which is photographed by Mike』，則該句表示了這裡所謂的 最美是評估 忒于 考慮到更多作者的 作品群。

國文當然不能靠照翻英文的 詞組群 去 處理這個問題。但咱確實需要一組代詞料 去 區分兩情況，否則咱就會少掉一種語序。怎辦呢？考慮到前面三小節的 努力、秉持著特殊兵種的 整體設計原則，咱就給出兩種‘其’，一個是原來的『其』、代表著所指對象不被強制就近綁定的‘其’，另一個是加了 一通用 ppj 的『於其』、代表所指對象被強制

就近綁定的 限縮範圍的‘其’。這麼做就給出了區隔方法給 英文上所謂‘non-exclusive’和‘exclusive’的 子句料，且 賦予了後者一個通用的 RB 掛勾，緊緊地綁住前面一節車廂。咱用下圖 3-12 的 例子說明。

　　下圖上方句子使用限縮範圍的‘於其’，下方句子使用不限縮範圍的‘其’。爲了幫助展示、減少轉調號，在 下圖 3-12 裡，『有、照』的 拼筆字料引用 A.2、剩下的 拼筆字料引用 A.1。下圖各箭頭指出了合併字料 予 代詞 或 ppj。該種合併搭配空白能給予視覺很好的 巡讀參考。

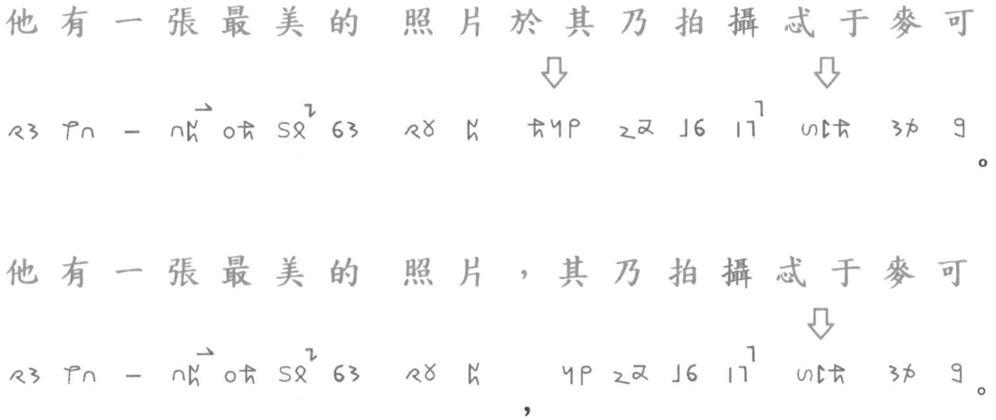

他 有 一 張 最美 的　照 片 於 其 乃 拍 攝 忒 于 麥 可

他 有 一 張 最 美 的　　照 片 ，其 乃 拍 攝 忒 于 麥 可

插圖 3-12　對照兩句子 於其 分別搭配 指定限縮的 代詞 和 不指定限縮的 代詞

　　咱也許會覺得上圖下方用了逗點，似乎得到了額外的輔助，好像因此並不必有『於其』也能區隔兩者。但 咱必須了解，這是憑視覺 去 區隔。若使用聽覺，讀者不會聽到逗點。因此口語上必須確實讓兩個代詞料有不同。

　　至此，咱讓一個本來是無限縮的 代詞‘其’，搖身一

變成爲有限縮功能的‘於其’，且 因爲它援引了 ppj‘於’字，故 獲得增量的 空格待遇。這個待遇並未被提及 於 前著[1]，但很有價值。

　　隨著 咱處理完上述的 限縮功能後，咱要開始專注處理先前說的 抱團處理的 疑問詞／代詞、疑問詞／ppj。

　　咱先開始 於『what』這字，看怎何拼筆字料能幫咱系統地區隔 詞性料、卻又同時地保留相似度 去 作爲一個整體規格 而 助增國文的 彈性。下圖 3-13 給出講法八款，a.1～a.8，關於 what 的 概念。

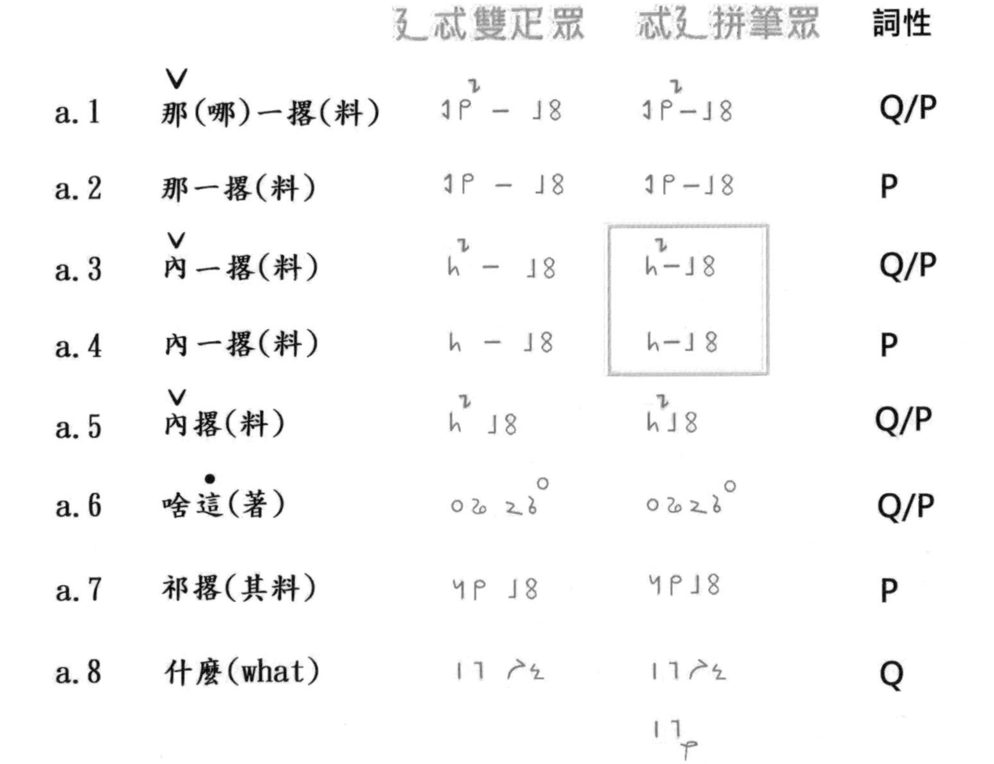

插圖 3-13　區分 疑問限定詞 和 代詞等詞性料 介乎 8 組拼筆字群 給 相關概念一衆 於 what

在 上圖裡，咱最熟悉的，莫過於 a.8 的『什麼』。其搭配子音擴充後，有很方便的 拼筆寫法 在 最下方右側。可惜地 它只被用來當疑問限定詞 Interrogative Determiner，在這裡被簡稱 Q 在 詞性欄位，其讓人聯想 Question 這個字。

但 a.8 的 詞性欄位沒有 P，表示‘什麼’一詞不能像 what 一樣 去 勝任代詞 pronoun 的 工作。比如，咱不會說『什麼我們先考慮者是收入』、而會說『其摺我們先考慮是收入』、或『那一摺我們先考慮者是收入』（或『皙其我們先考慮是收入』，但 暫不被申論）。因此 a.7 的‘其摺’和 a.2 的‘那一料’都被標示了 P 在 詞性欄位，表示可爲代詞。但遺憾地，它們卻不能作 Q。

上一段的 描述顯示一種困境，即，不只 Q 和 P 得用不同的 兩組字料去處理，且 該兩組彼此甚至沒有相似性。

爲了解決上述諸問題，咱框起了上圖 3-13 裡的 a.3 和 a.4 的 兩眾拼筆字料，並用 a.3 去 負責 Q、用 a.4 去 負責 P。雖然 該兩眾差一個轉調號，但 它們乃全同 於 双拼（或拼筆）列。如此，本屬 於 what 的 諸功能就能被運用，且該調號差異能區隔 Q 和 P 的 兩種身分 于 最小的 差異代價。更進一步講，該等格式摺款可被沿用到其它的 團員 在那一眾 wh 的 抱團字群裡。

a.3 和 a.4 在 發音上屬 於 連音版本兩款 溯匸於 上圖 a.1 和 a.2。皙理由 於 沒有匡列上圖 a.1 和 a.2 去 作爲標準格式摺款乃 在於 兩者的 視覺差異較不突出 較於 皙情況 於 a.3 和 a.4。

上圖的『夊忒雙疋眾』欄位標示合併前的 双疋寫法一眾，而『忒夊拼筆眾』欄位標示合併後的 双疋寫法一眾。

咱匡列標準格式不代表咱想排除其它格式之譜，而是想搭配其它格式摺款、輔助其它格式摺款。咱現用下圖 3-14 去 說明該套輔助思想。

在 下圖 3-14 裡，『which』同樣地可獲得 8 個職務代理人，如 b.1〜b.8。其中 b.8 就是咱最熟悉的 '其' 字。被匡列的 標準組合為 b.3 和 b.4。該組合是 溯匚於 b.1 和 b.2，伴搭 較積極的 連音概念。就口語論，該組合並不一定最佳，但，若考慮到一大篇双疋字料，該標準組合就很有幫助。因為，這暗示大家只要看到 28 號的 單筆轉調三聲就能預判很可能出現疑問詞。這種可預測性可助閱讀 針對 双疋系統。双疋系統雖有拼音特徵，但 其拼筆字料長短變化卻不像多音節的 外文字一眾那般劇烈，因此更需要額外的 視覺特徵 和 可預測性 去 幫助加速閱讀 和 撰寫。在 平常情況時，咱可選用下圖裡傳統的 b.7，但 若當 整體文字略顯凌亂時，咱就可改用被匡列的 b.3 和 b.4，其中 b.3 算 Q/P 兼可。這也很有幫助。故，咱說這是種輔助。

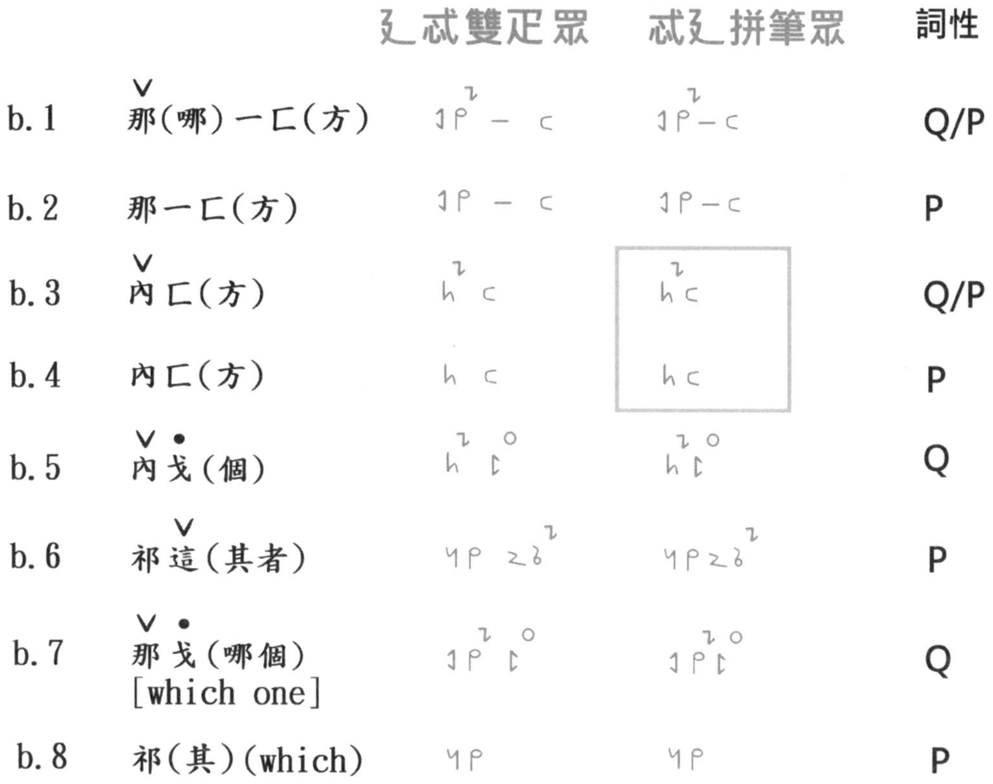

孓忒雙疋眾	忒孓拼筆眾	詞性
b.1　那(哪)一ㄈ(方)		Q/P
b.2　那一ㄈ(方)		P
b.3　內ㄈ(方)		Q/P
b.4　內ㄈ(方)		P
b.5　內戈(個)		Q
b.6　祁這(其者)		P
b.7　那戈(哪個) [which one]		Q
b.8　祁(其)(which)		P

插圖 3-14　區分 疑問限定詞料 和 代詞料等詞性料 介乎 8 組拼筆字群 給 相關概念 於 which

　　除此之外，大家還要考慮到計算機應用多樣。若 一眾相關功能被系統化地設計、簡化、標準化，則 設計程式語言就能從一開始就有餘裕，也幫助未來各種格式摺款能有相容性，甚至，在 同音詞 和 容錯方面也能有搜尋的 優先依據。

　　下圖 3-15 針對團員『where』，依舊給出了職務代理人八位 和 一個標準匡列組。（該圖中夂字的 右碼沒有採用第 60 號單筆，這是 肇因於 在 一些異體字摺款裡，該右碼可

爲代表卜的 24 號單筆。

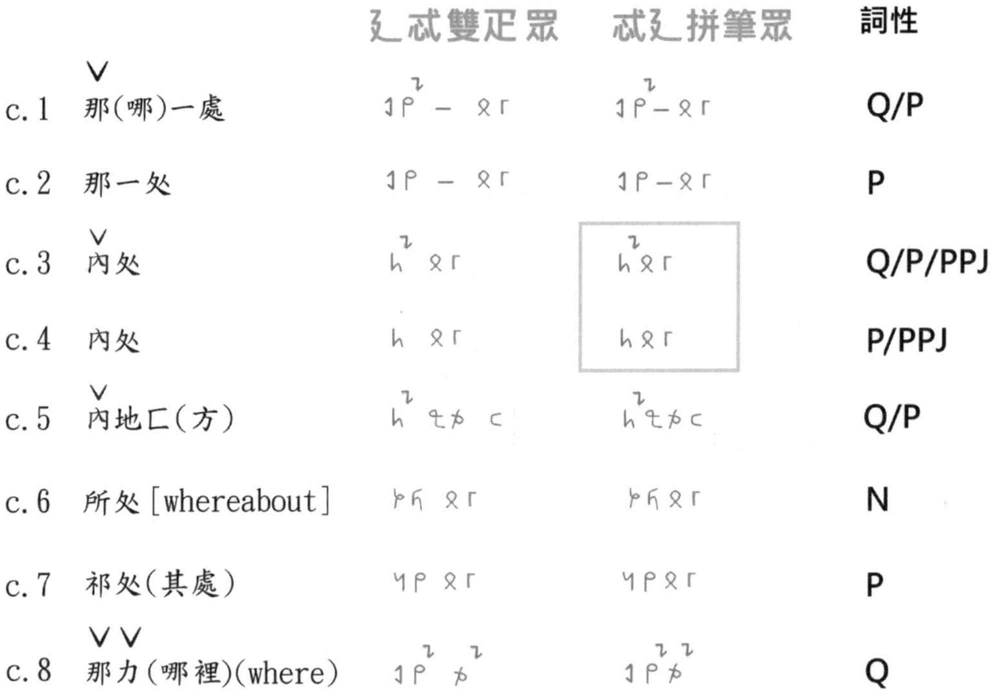

		又蕊雙疋眾	蕊又拼筆眾	詞性
c.1	那(哪)一處	∃ᒉ－ᙖᒋ	∃ᒉ－ᙖᒋ	Q/P
c.2	那一夊	∃ᒉ－ᙖᒋ	∃ᒉ－ᙖᒋ	P
c.3	內夊	ᐟ ᙖᒋ	ᐟᙖᒋ	Q/P/PPJ
c.4	內夊	ᐟ ᙖᒋ	ᐟᙖᒋ	P/PPJ
c.5	內地匚(方)	ᐟᴛᗑᄃ	ᐟᴛᗑᄃ	Q/P
c.6	所夊 [whereabout]	⊁ᕝ ᙖᒋ	⊁ᕝᙖᒋ	N
c.7	祁夊(其處)	ᙅᒉ ᙖᒋ	ᙅᒉᙖᒋ	P
c.8	那力(哪裡)(where)	∃ᒉ ᗑ	∃ᒉᗑ	Q

插圖 3-15　區分 疑問限定詞料 和 代詞料等詞性料 介乎 8 組拼筆字群 給 相關概念 於 where

　　至此爲止，咱用『餞摺、餞匚、餞處』的 發音一眾 和 其配套的 拼筆料 去 處理 what、which、where。其中 '餞' 音採用 '內' 作 初調字 去 轉三聲。接著，在 下圖 3-16，咱 還用『餞時』的 發音 去 去處理 when。這些發音通常搭 Q 詞性，但可 Q/P/PPJ 兼職。只要去掉這一眾發音的 三聲轉調號料，它們就可專職 P 詞性。此時上述標準化、又專職 於 P 詞性者一眾，皆不更複雜 較於 其英文版，對筆記極爲 有利。

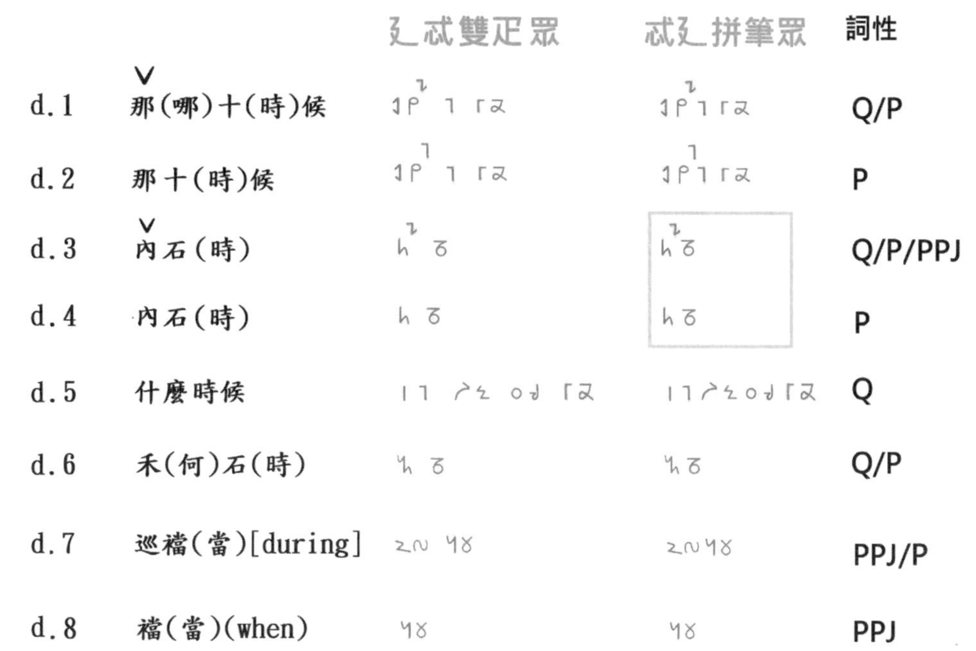

	又_㦉雙㐅眾	㦉又_拼筆眾	詞性
d.1　那(哪)十(時)候			Q/P
d.2　那十(時)候			P
d.3　內石(時)			Q/P/PPJ
d.4　內石(時)			P
d.5　什麼時候			Q
d.6　禾(何)石(時)			Q/P
d.7　巡襠(當)[during]			PPJ/P
d.8　襠(當)(when)			PPJ

插圖 3-16　區分 疑問限定詞料 和 代詞料等詞性料 介乎 8 組拼筆字群 給 相關概念 於 when

上圖 3-16 有個特別值得一提的 項目 d.7。它也可以當 ppj 用，且能助擴充中文的 語法。比如咱傳統上會覺得有 違和感 若説『他打球 當 午休時間』，因爲國文的 ppj角色 經常跨界 或 不明確 又 無法同時兼顧多種句型摺款，如 先 前 3.1.1 小節所述。此時 若 咱説『他打球 巡當 午休時間』 就可除掉梗 又 不改變語序，這是因爲巡字分離地承擔了動 詞修飾，讓當字可以痛快地專心作 ppj，且合併的 ppj 音節 數爲 2，足以把注意力向後移 去 更好地向後連結，如 先 前 3.1.2 小節所述。上圖 3-16 的 d.7 還解決了前著[1] 的 一 個坎，於其 當時筆者用'旬'字 去 暫時對應 when 字，有 其不順之處。這不難克服，只要咱把'旬'改 成 d.7 的'巡

當＇即可。或 咱用 d.3 也行，端看運用場合。[1] 當時想簡化音節數 且 同時簡少筆劃數。現咱有了双拼轉調 且 獲得了標準格式，故 能兼顧發音、筆劃、和 詞性。

　　腑內於 本小節的 『餚撂、餚亡、餚處、餚時』等四個發音組，發音『餚』承擔了疑問詞的 提示作用，猶如『wh』之於『what、which、where、when』。不過，本來日常用的 國文更偏好用『何』字 去 擔任此職，比如＇何物、何者、何處、何時、何以＇等等。

　　咱把＇何＇的 發音用在另兩疑問詞料，why 和 how。比如 下圖3-17和3-18裡，e.3 的 發音『何以』代表why，f.4 的 發音『怎何以』代表 how。這麼配合可讓所有的 疑問詞團員眾都有三聲轉調號料。即『餚撂、餚亡、餚處、餚時、何以、怎何以』發音料的 拼筆料都有三聲轉調號一眾。這很有利 於 讀者 去 區分詞性料。

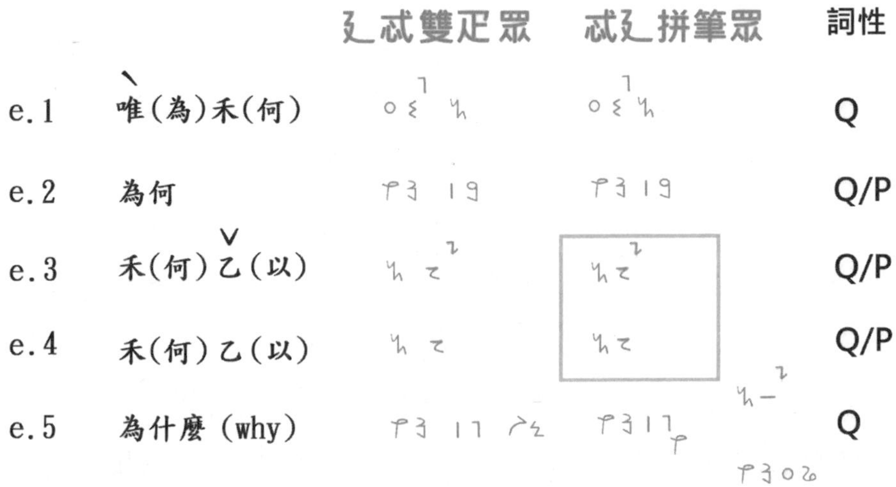

		ㄓ忒雙疋眾	忒ㄓ拼筆眾	詞性
e.1	唯(為)禾(何)	ㄏ o ㄓ o ㄋ	ㄏ o ㄓ o ㄋ	Q
e.2	為何	ㄕ ㄢ ㄐㄚ	ㄕ ㄢ ㄐㄚ	Q/P
e.3	禾(何)乙(以)	ㄋ ㄜ	ㄋ ㄜ	Q/P
e.4	禾(何)乙(以)	ㄋ ㄜ	ㄋ ㄜ	Q/P
e.5	為什麼 (why)	ㄕ ㄢ ㄕ ㄇ ㄜ	ㄕ ㄢ ㄕ ㄐ ㄋ ㄕ	Q

插圖 3-17　區分 疑問限定詞料 和 代詞料等詞性料 介乎 5 組拼筆字群 給 相關概念 於 why

如先前所述，這些匡列結果提供輔助功能、不打算替代原用法。比如，發音上，如上圖 3-17 所列，e.2 的『爲何』顯然比 e.3 的‘何以’更有靈魂拷問的 韻律，大家可以分別用力唸唸看。

下圖 3-18 的 f.3 發音『怎何』，其能配合 f.4 的『怎何而』去 形成一組搭檔。尤其是 f.4 使用了子音化技巧，有利於 視覺地 和 聽覺地區分 Q/P 的 身分。

咱也可以擇機混用組合。比如，用『怎如何』去 混合 f.3 和 f.5 的 風格。這種混合用‘怎’開頭，因此足夠口語、且 又用‘如何’結尾，因此同時又足夠文言。且 因爲 使用了三個音節，該混合有突出的 聽覺特徵 相較於 其它的 疑問詞發音一眾 如『餳處、餳石、餳撂』等。但咱現想專注於 運用一個通則 介乎 多種疑問詞料間。因此，咱現匡列符合通則的 撂款，並 忽略混搭式的 撂款。

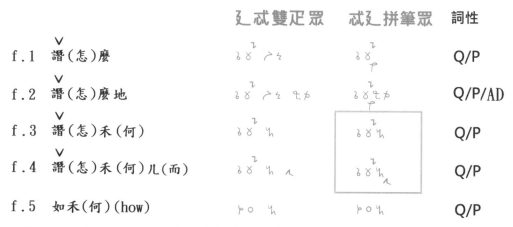

插圖 3-18　區分 疑問限定詞 和 代詞等詞性 介乎 5 組拼筆字群 給 相關概念 於 how

咱把匡列挨的 疑問詞／代詞 一眾放在 附錄 A.6 內。所有一眾團員代表的 集合看起來很有規模。請讀者參考 去 理解該集團設計。

接著，咱要面對另一個團體。該團體的 英文旅館分店只有一個 the 字在櫃台服務。但在 國文分店，大家會看到一大票服務員多位，讓旅客有時不清楚該找誰 去 check in。咱現在就要來整頓一下這個分店，提高它的 服務品質。

3.1.6 關於 'the'〔on 'the'〕

在 3.1 節，咱用語法樹、通用介連詞、字尾變形、代詞等工具 去 過了眾坎、架了眾橋、鋪了眾路。但咱還得進行一個『路平專案』去填坑 和 平路才能真正符合現代社會的高速、精準的 用法。

這好比古代秦朝雖然修了驛道一眾 去 讓眾馬跑、可提供運力 到 邊境，但該等驛道多數仍不適合現代的 眾汽車去 奔馳，因為土路之摺並未鋪上柏油。而且，早於 車同軌制度前，轉運資重還有額外的 諸多麻煩。

『the』字的 概念就面臨這樣的 問題。在國文裡，該字的 功能需要被各種五花八門的 替代方案多款 去 表述（比如：這、此、於此、該、該等、所涉、所擇、所屬、所謂、the 等等）。

咱說 the 是一種指標去限縮概念範圍，即是說，我們用 the 時，想指具體的 時／空概念，而非一般的／抽象的／隨機的 標的。所以我們的 中小學英文課會告訴我們 'the car

is my favorite’是 不同於‘car is my favorite’，前者限縮
了車的 範圍 到 具體的 某輛車，後者指一種抽象的 車的 集
合概念。

　　很多時候，憑前後話 和 情境就能知是否說者之意為具
體 或 抽象，故，國語裡經常省略了 the 字。比如 別人問咱
幹嘛蹲 在 地上用手壓輪胎，咱可能回答輪胎好像沒氣了。
這過程雖針對咱身旁的 那一輪胎，但問答裡可能都沒有
‘這’字 或‘the’字的 替代品。因為彼此都認定所論者為
眼前者。

　　不過，在 某些場合，咱確有需求 去 釐清標定物，否
則描述過程會很累人，比如『所擇時間 於 該夾角為 大於
90 度 介（乎）（於）磁場 和 轉軸間時』就經常是更優 較於
『磁場 和 轉軸角度大於 90 度的 那個時間』。在激烈的 討
論中，說者可問『何為所擇時間？』去 長話短說，但若沒有
‘所擇’兩字，就變成了『何為時間？』，這就雞同鴨講了。
因此，‘所擇’在此就擔任了‘the’的 工作 去 具體地討論
標的，避免人們誤以為該提問是 關於 時間的 抽象定義。

　　上句裡，『所擇』乃相當 於 該後方的 所有修飾，即 替
代了『磁場 和 轉軸角度大於 90 度的 那個』這一長串。試
想，若 工程人員沒有這類的 精簡工具，將面臨多大的 障礙
於 討論過程 和 行文過程。

　　完整地說，『所擇』代表『the chosen』、『所涉』代
表『the involved』、『所論』代表『the mentioned』、等等
等等。雖然各組合都包含 the 的 意義，但沒有任何一個能

勝任所有情況。説者須依場合 去 挑選。這就好像找櫃員 A 辦入住情侶套房、找櫃員 B 辦商用套房、找櫃員 C 辦總統套房等等。用現在的 流行話説就是'一整個混亂複雜'。

　　本來咱擺平了這問題，比如在 圖 3-11，咱用了『皙』字，不只發音近似『這』和『the』，連其双疋字都用『這』字 去 擔任初調字，轉調列也只多一個轉二聲 去 符合讀音和 輔助指標特性[1]。看起來幾乎完美了。

　　但，再一次，咱要抱團地考慮，提供輔助 給 聽説讀寫等眾層面、還包括電腦語言的 層面。所以咱仿照前一小節，給出職務代理人一眾 予 the 字，如下圖 3-19。

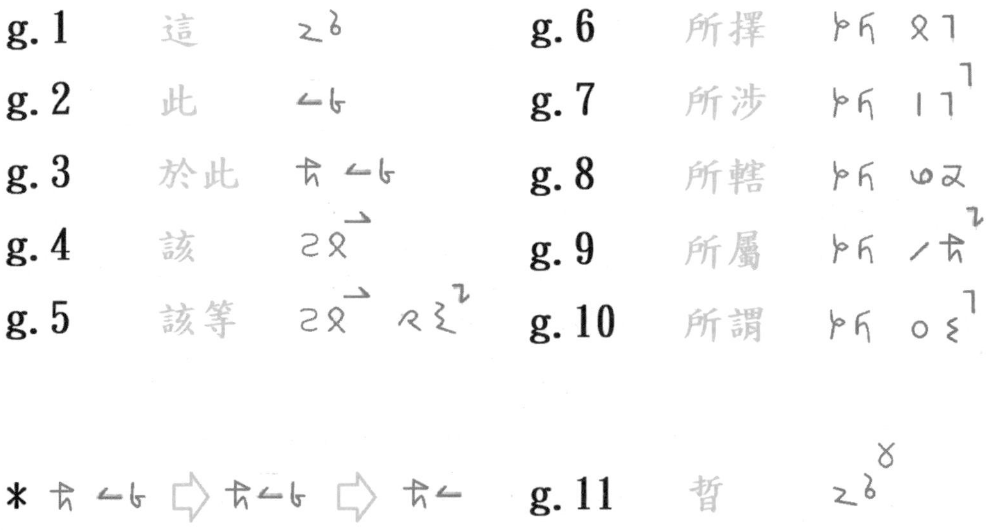

g.1	這	ㄓㄜ		**g.6**	所擇	ㄙㄨㄛ ㄗㄜ
g.2	此	ㄘ		**g.7**	所涉	ㄙㄨㄛ ㄕㄜ
g.3	於此	ㄩ ㄘ		**g.8**	所轄	ㄙㄨㄛ ㄒㄧㄚ
g.4	該	ㄍㄞ		**g.9**	所屬	ㄙㄨㄛ ㄕㄨ
g.5	該等	ㄍㄞ ㄉㄥ		**g.10**	所謂	ㄙㄨㄛ ㄨㄟ

＊ ㄩ ㄘ ⇨ ㄩ ㄘ ⇨ ㄩ ㄘ　　**g.11**　皙　ㄓㄜ

插圖 3-19

　　其中 g.1 的'這'，是傳統的 首選，但 g.11 是眞正能處理所有 the 功能 皆於 楷體 和 双疋系統者。因此本書用了

很多'晢'字。上圖 3-19 的 星號部分是 溯匸於 g.3，兩者合起來算一系列非常特殊的 組合。由於 某些原因，該系列能同時適應國文 和 外文，且 有其它獨特的 優勢一摺。咱接著展開說明。

　　首先，g.3 的 功能更廣 較於 g.2。g.3 的『於此』可代表'此刻所論之'，其不一定指向前話 或 眼前內容，可指向 其後所提的 事物，就像'晢'一般。g.3 有'here the'兩字合體的 味道。g.2 的『此』通常指前話已提的 或 已在眼前的 內容。

　　其次，g.3 能關聯外文，因為它的 第一碼是 72 號單筆，該碼本身就像 t、h、e 三字合體，能直接被用在英文裡去 替代'the' 這三字母，若 其前後被附加空格。其它 th 開頭的 字群，也能用該 72 號單筆 去 替代它們的 一摺 th。光是這一點，就能省下可觀的 時間給 英文打字。因為，據稱[6][7]，'the'是晢字彙 於其 有最高出現頻率 於 英文。這一摺替代幾乎可擁有更高的 使用頻率 較於 某些英文字母。

　　當然，若要讓 g.3 去 橋接國文 和 外文，則最好再簡化它。比如上圖 3-19 的 * 行，就簡化該字組到 72、18 兩碼的 双拼。這樣區隔了國文 和 英文的 用法，但又保留了巨大的 相似性 介乎 兩者。即是說，該等簡化讓國文英文有相似的 拼筆料 去 表達'the'的 概念，且 能同時提高效率 給兩者。

　　若用計算機的 角度 去 說，其有巨大的 誘因讓咱用上圖 * 的 兩碼 去 替代 g.11 的 三碼。因為 g.11 不只多一碼，

且 那多出的 一碼是轉調號，多了一道概念程序。大家不妨自己手寫試試，看看自己最後會用哪一種。

3.1 節至此已改善了弱點多處 於 國文。可以說咱挑出了那些國文最乏力的 區域，且 把它們強化 到 游刃有餘，增加了國文的 使用空間。咱想說，這些工作一點也不枝微末節。

回顧歷史，Academie Francaise（法蘭西學術院）[5] 肩負一摺任務兩項：1. 規範該國語言 2. 保護各種藝術。該學院成立於 1635，巡當 該國即將進入王朝盛世前。該學術院爲一成員 亡於 法蘭西學院（Institute de France）於其 還有其它成員四個分別爲文學院、科學院、藝術院、人文院，大致依照成立順序。其中該學術院又是最早被成立的，甚至是早於 其上屬組織。咱可維基一下。依照這個成立順序，咱可以嗅出一種『由文而理』的 味道。

然後，咱可以查一下中央研究院的 英文名，是不是 Academia Sinica，是不是很有相似性 之於 國外的 名稱格式。

所以，大家應該可以猜到，若要處理這一眾語文問題，咱最後在國內該找誰 去 幫忙規劃。

本節這些手法看來可行，有很大一部分是 肇因於 所涉双疋化的 字群不更複雜 較於 其外文對照版，故當咱接受一眾變化 於 國文語法時，不須承受額外的 字數負擔，如此才會眞正讓使用者們覺得這些改變只是小小一拐就完成了、同時還附帶了額外的 一摺整體好處。

　　咱並非單純地講述文法，而是講述一眾方法 去 製造眾工具 給 所需文法 和 橋引。讀者可自行設計拼筆字料 和 合體字料去符合需求，即便是僅作爲遊戲也能很有收穫，但若能了解更上層的 一眾目標 在於 語序多款 和 應用多種，則獲益將增加。

3.2 路線規劃 和 知覺（COURSE PLAN & AWARENESS）

　　說到應用，大家可能覺得最近很熱門的 一眾 AI 軟體幫大家做了很多事，又是產生劇本又是寫作。有些作家說這些軟體能給他們『靈感』去 進行創作。但請注意，這裡的 用詞是‘靈感’。該等軟體是一眾終端產品。當 一使用者使用該等產品之撮時，他多半不了解軟體的 實際運作過程。一使用者也許可以請一軟體幫他修改文章，優化詞句。但，這個‘優化’過程，也是不爲該使用者所知的。一使用者可以要一求軟體 給出 一劇本 去 符合特定量的 劇情轉折數個或 人物數位，但他多半不知道軟體用那些 目標參數群 去優化結果。

　　舉更進一步例來说，假設一作家想要讓一句台詞變得比較像出自於 一個聰明人，然後他用一軟體幫他改台詞。隨居 該軟體改完後，他看一下句子，覺得應該要換一種口氣，改成一種不那麼聰明的 口吻，然後，該軟體又給他一句新修改忒久的 台詞。最後該作家推敲了一番，決定採納其中一個給腳本 去 使用。在這個過程裡，該作家多半是沒

有量化的 知覺 關於 什麼叫比較聰明 或 哪一摑叫不那麼聰明的。下次他需要調整台詞時，可能又得依據模糊的 一摑概念 和 印象 去 做選擇。這樣的 訓練 對於 作家來說是緩慢的。因爲他必須自己歸納這些特質參數料。一般而言，這些特質參數料不會被終端軟體提供，該軟體像個黑盒字，若你問它一個問題，則 它替你辦到，但 不會告訴你它怎麼處理的。

讀者不難想像，其實可以有更貼近讀者需求的 一種軟體 於其 能直接告訴讀者，一般來說，何謂比較聰明的 句子、哪樣算比較不聰明的 一摑句子。比如，讀者輸入一句文字，該軟體就用一旁的 分割框 去 顯示該句的 語法樹結構、高幾層、寬幾層、花幾個字料確定頂層結構、左分支幾個、右分支幾個，並且 居經 讀者按詢問鍵之後，依優化參數 去 列出改進的 句法變形摑款，或 直接羅列常用 及 罕用句法之眾，讓使用者不只可瀏覽選擇，還可即時看到所轄一摑語法樹結構圖 和 相關量化參數之摑，並指出是因爲哪些個參數料使得這個句子被認爲是‘比較聰明’。這樣的 軟體，即使沒有 AI 功能，也常比 AI 更貼近人們的 需求。

因爲，人們常常希望藉由使用 而 進步，成爲主動的 一方，而 一般的 AI 只給使用者終端信息 作爲 結果，使用者要操作數十次數百次 或 數千次也不一定能自己歸納出哪樣的 句子摑款擁有怎樣的 優勢一眾。

反之，若 即使一個軟體沒有 AI 功能，但 能量化地提示使用者如何改善他的 句法群，使用者就能憑藉該軟體 去

知道自己的 強處 和 弱點。『授人以魚不如授人以漁』這類的 繞口令能派上用場 於 此情況。當然,那句話 在 商場上有時是顛倒過來的。咱是著眼 於 更大群體的 利益才會用正敘法 去 講該句。

　　甚至,更簡單的 一眾統計可發生 在 常用字料數、罕用字料數、平均音節料數等等。咱常講某些人用難字某些人用簡單字 去 區分風格。這些都是可讓使用者時刻對照調整的。比如 若 某個人用詞彙 'compartmentalization' 在 他的文字裡,咱光看這字有音節 7 個,還有字尾詞性轉換 3 個,咱都不用查這字是否深奧,就能知道說話者不是用鄉土講法。這類數字統計對使用者來說很直接、也很有用。國文的領域也能用很多類似的 統計料,比如每句音節數、聲調匹配比例等等。

　　當然,口述的 語言是 不同於 單純的 文字傳達。口述還牽涉速度、音調、身體語言等等。好的 書面文字不一定是好的 講稿;同樣的 樂譜用快板演奏可能算很棒,但用慢板演奏可能就算很糟。

　　這讓筆者想起一個電玩遊戲 在 張榮發海事博物館內。該電玩遊戲要求玩家操縱船帆 和 舵向 去 航行到一個特定的 目標,且 玩家有橫帆 和 直帆等兩種船的 摺款可選擇。該遊戲的 訣竅是 在於:若 要達到目標,則 必須依照風向去 調整船的 姿態,而若 要調整船的 姿態,則必須了解皙原理 或 皙關聯 介乎 船舵、風向、帆位、和 航向間。即是說,玩家必須要理解如何協調該四者、且 要有知覺該四者

目前是 在於 哪一種狀態，否則就有可能讓船原地打轉、雖看著目標就在不遠處，但 怎樣就都到不了。

咱玩電玩時都知道更好的 信息 和 地圖呈現能助遊戲過關 或 勝利。文書語法軟體當然也遵循類似的 道理。

咱先不論複雜的 AI 技術，先限縮討論的 内容 到 非 AI 的 輔助軟體，想想，它需要怎樣的 功能才能幫咱做到‘姿態調整’。就好像訓練一個飛行員去手控地調整飛機姿態，而 不是像終端軟體一般直接代替飛行員 去 控制。咱認爲這類軟體有很多應用撮款 在 教育 和 商業。想像一下大家 20 年前參加的 toastmaster 活動一眾，是不是今天的 軟體多數算力完全有能力 去 擔任該活動的 輔助評審工作（檢查文法、贅字、贅詞、時間、各類字數）、甚至做得比一般人更好？

咱看過電影講證券交易的 故事，說一個交易員轉職 到 匸於 小公司 從匸於 大公司，然後替該小公司用電話 去 拉生意；他的 第一通電話就用驚人的 口才讓小公司的 旁觀者問‘你到底是怎麼做到的’。

咱想像中的 軟體就是要幫人們知道‘怎麼做到’並 分析‘現在做得如何’。但 咱不只是要訓練推銷員。

更大宗的 應用是 在 每一個中小學教室裡，一路 到 所有公司行號。老師們可要求學生們自己回答哪裡寫得好哪裡寫得不好 在 自己的 一眾作文裡，若 該老師能讓學生們使用咱想像中的 軟體 去 做出結論。

最後的 結果就是 - 所有人的 資源 和 理解都提升了，

使得從前不能實施的 某些措施數種 和 某些政策數款都能被使用了，然後，社會就會出現許多新的 機會一眾。

　　咱想像中的 軟體有一流的 實用性。因爲不需要海量的學習數據，可以成爲一個 stand alone 的 軟體，使得中小企業有能力去開發這類東西，不用一上來資本就要幾億美金起跳。即使是個相當陽春的 版本也很可能節省學生們數年以上的 青春。

　　現在，咱手邊暫無該想像中的 軟體，但咱又想要練習‘姿態調整’並 強化‘情境知覺’。怎辦呢？

　　[3] 舉出一種練習方案，可用開會簡報 去 練習。其中一種方法就是把台詞寫在簡報標題 去 運用新的 語法料。咱舉一個範例投影片說明這個技巧 如 下圖 3-20。這圖挺複雜的，但是標題讓咱可以說『這一頁講 一種相對關係。精確地說，是皆相對關係 介乎 H 外加場 和 θ 於 MI 夾角間』。這種標題，讓講者能只看開頭局部就做出一句結論，也能讓講者接著照唸標題 去 強迫練習新語法料 如‘皆’字、‘介乎’、空格運用、和快速成句的 眾技巧。

　　一般習慣可能把標題改成『外加場 H 和 θ 在 MI 夾角裡的 關係』。但 這麼講著實不如練習圖 3-20 的 標題。其一原因爲，當講者面對臨場壓力時，那種沒有運用空白的 標題會加重他的 搜尋負擔 和 判斷負擔。其二原因爲，若主詞被拖到句末才出現，諸聽眾的 負擔也相對地增加，因爲句法沒有快速完成。

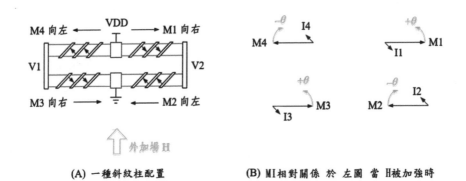

晢相對關係 介乎 H外加場 和 θ 於 MI 夾角間

(A) 一種斜紋柱配置　　(B) MI相對關係 於 左圖 當 H被加強時

* V1-V2 有極值，當　所擇夾角為90度　介乎 磁化方向M1　和　電流方向I1 時。

換句話說，當 磁化方向M1 和 電流方向I1 的 夾角為90度時，V1-V2 有極值。

插圖 3-20　一個投影片示範 去 說明 如何用開會發言 去 助鍛鍊姿態調整 和 情境知覺

　　爲了讓講者自己體會某些語法差異摺款、也同時讓聽眾體會眾姿態差異 肇因於 該等摺款差異，講者甚至可把同一個結論分成兩種句法 去 講述，且 把該兩句法都放 在 投影片上，讓自己能照本宣科地強迫自己去練習兩種語法。比如上圖 3-20 的 下方兩句其實講著同一件事，但講者可以照稿唸、不用怕忘詞，硬是把兩句話都照唸一遍。因爲 當 描述這種複雜的 條件關係時，改變講法順序其實是有助彼此理解的。

在 這個簡單的‘換句話說’的 活動裡，講者因爲 在 腦中進行一眾詞句調換，所以，他將被強迫地了解標的物、情境、和 產生關聯的 關鍵字料 和 詞料。而 把台詞直接打在投影片上，讓講者能照唸，就像 在 重量訓練時，在 快要推不動的 最後那一小段有人出手幫忙扶一把 去 完成整段流程。

更進一階地説，一般人在開會溝通時，即使沒有書面原稿 去 作爲改版的 基礎，他也有尚未成文的 概念一摞 於腦中。若 他有情境知覺 針對 這些概念，他才容易有系統地一邊思考組句方式，一邊同步口頭表達 而 無窒礙。一般而言，講者需要受訓練才能具有足夠的 情境知覺 在 即席的 討論中。其中一個理由是 在於，傳統教科書式的 國文有一眾特定偏向 或 一眾特定缺口在 語序上，有時甚至不含所需語序 於 單純的 目標意圖。爲了解決這些缺口，一些較新的 用法摺款並沒有傳統的 替代品，因此須刻意爲之才能讓講者獲得練習（舉例來説，常用國文口語並無俗約的 制式區隔 去 對應restrictive clause 的 代詞 和 non-restrictive clause 的 代詞。故，至少，講者本身須要構成一種用法差異 去 作出區隔，比如用‘於其’和‘其’去 分辨，聽者才能感受到更精密的 一眾規律）。

一般的 翻譯經常改變原文語序 去 達到目的，但，若咱分析語法樹就會發現，有時原文的 語序有結構上的 優勢。此時講者 若 對這個語法樹的 情境有知覺，就能相應地去調整詞料 和 字料，並 於 必要時運用較非主流的 用法摺款、

去 有效地調整語意。

3.3 反應時間 和 化學（REACTION TIME & CHEMISTRY）

　　語言的 完善需要時間，猶如化學反應。比如雖有了環氧樹酯（俗稱主劑）和 硬化劑等基本材料，但 某些材料 若不待混和後幾個小時，則 無法造就堅固、有彈性的 模子。增加硬化劑濃度能加快反應速度，但速度太快也可能造成局部變形 和 軟硬不均等問題。

　　舉實際化學反應爲例，筆者先用電子實驗工具的 麵包板 和 圓孔排針做出了底模 給 一眾拼筆字 去 對應一眾初調字『升袙順心』，其代表『生日順心』；該底模 如 下圖2-21 左。然後，筆者調配了一小池的 混合劑，搭配5：1的比例 予 主劑 比 硬化劑。接著，該底模被浸入那一池混合劑，且 靜置了約6小時 去 硬化。最後，該底模被分離 開於 硬化後的 混合劑 去 得一忒乏模（即陰模）如下圖2-21的 右方。

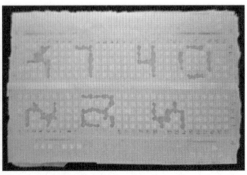

插圖 3-21　成功的 翻模實驗 給 一衆拼筆字『升袙順心』

　　該㤈叐模雖然質地強韌富彈性、模槽清晰、又 乾爽不黏手，但 實驗過程卻有點驚險。因爲筆者用同一種配方 在晚半小時的 另一浸泡組 搭伴 較不均勻的 攪拌就導致了該池的 新㤈叐模失敗、且 有模體黏稠、拆模破損等一眾缺陷。故，雖然劑量猛可助快速成形，但也伴隨風險 和 較小的 作用時間窗口。

　　下圖 2-22 則給出了一組失敗的 翻模，其肇因 於 不平均地施用硬化劑，導至部份區域崩潰 如一泡水太久的 肥皂。雖然該實驗被給予了超 24 小時的 時間 去 硬化，最後仍質地黏稠。

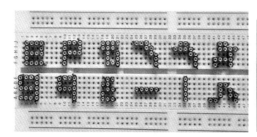

插圖 3-22　失敗的 翻模實驗 給 一眾符號

　　語言的 演化過程也類似一摺化學實驗。歐系語文針對著發音便利去演化了數個世紀，每次改變都非巨大幅度，好比固化劑濃度較低、且 讓化學反應有充分的 時間 去 做平均的 固化。相對地，双足系統雖然好比提供了特殊的 主劑和 固化劑、可加速翻模成形，但無法縮短反應時間 到 0。認識、普及、和 進一步地優化等都需要群眾 去 投入時間。大家可以到街上隨便抽樣幾個路人，並問他們哪一摺 爲 哲

發音優勢 在 歐系語文裡、何處 爲 皙發音優勢 在 國文裡。估計地說，大約很多人不會給出很具體正確的 一摺答案。換言之，若連何爲優劣關鍵都不清楚，那麼肯定還有一大段路要走 在 早於 完成優化前，即便假如魔幻般地大家突然都會了双足系統 在 2024 年。

3.4 歸結 於 本章（SUMMARY OF THIS CHAPTER）

相較於 前兩章 把精力放在 編碼 和 字群，本第三章討論更上層的 句法摺款 和 一眾重構技巧；前兩章講拼字上的相容性，本第三章講句法上的 相容性。針對現代要求精準簡練的 表達方式，本章做了有趣的 一些比喻。

3.1 節講用 '語法樹' 去 幫助評估表達效率多樣，並提出用一眾 '重構' 技巧 和 標準化的 整體方式一眾 去 運用各種新舊詞料 而亣 控制該語法樹的 走向。該一眾方式能助解決國文的 諸多世紀困境，並 助其更好地接軌外文。

3.2 淺談臨場的 '知覺' 關於 表達 和 造句，並 提出一種軟體形式 去 提升使用者的 語言能力。

3.3 節用幾組化學實驗 去 比喻皙過程 於 推廣新的 諸語言習慣。

看完了本書的 三章，咱可發現，畢昇的 事業不須畢生就能被完成。

習題CH3（EXERCISE CH3）

練習 3.1　{counting on a syntax tree}

（1）請算出下圖有幾個 RB、幾個 LB、垂直地共有幾層？

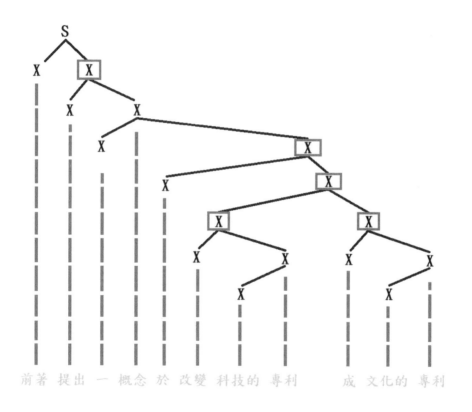

前著 提出 一 概念 於 改變 科技的 專利　　成 文化的 專利

（2）請改變語法樹並調整語序 去 表達同內涵，並 請比較上題數字 去 說明怎樣的 優劣是產生 挨戾于 該調整。操作時可用拼筆字料 去 寫、提高分析效率。

$：本練習旨 在 助熟悉左右分支的 一摺定義，並助觀察怎何而該等分支能關聯眾句法、影響語意摺款。並 助了解哪一摺好處可被提供 戾于 双足系統 在 手寫分析上。可參照 3.1.1 小節 去 複習。

練習 3.2　{shuffling order of words}

　　請用『公司』、『石油』、『沙漠』去 替代『我』，『松鼠』，『這樹』在 下列七種句型裡，並 做出相關調整多處，讓同一主要語意合理，且 有七種不同的 表達方法一眾。

　　待調整的 七種句型摺款如 3.1.4 小節所述，爲：

1. 我 看 這樹上 的 松鼠。
2. 我 看 松鼠 其位於 這樹上。
3. 這樹上 的 松鼠 是看挨怸于 我
4. 這樹 是皙（處）怸朝其上 我 看 松鼠
5. 皙松鼠 是看挨怸于 我 怸在 這樹上
6. 皙松鼠 於 這樹上 是看挨怸于 我
7. 皙松鼠 是看怸于 這樹上 挨（怸）于 我

$：本練習旨 在 助熟悉運用重構 去 改變眾句型、同時熟悉眾罕用語序。可
　參照 3.1.4 小節 去 複習。

練習 3.3　{designing your own ppjs}

　　(1) 請 模仿眾行位 於『of、for、by、in、on、from、to』，去 設計 ppj 相關的 內容一眾 給 諸行位 於『with、before、after、while、between、about』。

　　(2) 請 在 隨屆 完成諸設計摺款後，實際用紙筆寫出双怸字料 予 該等設計。

PPJ 於 英文	精簡重構				精簡重構碼(MLSB)				通用重構		
of	於				72				匚於	祇於	
for	予	給	為	為了	72轉	6751	6170	6170 11	為匚於		
by	于	瓶(憑)	瓶戒		70	3731	3731 6946		爻于		
in	腑內	f內			245 28	4,28			內于	F內于	在內于
on	在	卩(磅)	卩在	処在	6162	49	49 6162	5760 6162	卩于		
from	从	字(自)	徐字		6060	4811	4143 4811		从匚於	字匚於	
to	趣(去)	到	趣爻		3657	3123	3657 42		到匚於	趣爻於	
with											
before											
after											
while											
between											
about											

$：本練習旨 在 助複習 3.1.2 小節 和 助了解眾設計的 心路歷程。

文獻目錄

1：吳樂先 [磁感測器與類比積體電路原理與應用] 2022 書 ISBN 978-626-343-261-1 五南出版社

2：專利案 112115795 發明 I829586 號

3：吳樂先 [www.danby.tw] 2022 網頁

4：李聰田 [簡明英文法] 1994 書 ISBN957-519-028-9

5：維基百科的 Académie française [fr.wikipedia.org/wiki/Académie_française] 網頁

6：Google 蒐尋器裡鍵入 frequency of the word 'the' in english 7% [www.google.com] 網頁

7：Most common words in Englsih [en.wikipedia.org/wiki/Most_common_words_in_English] 網頁

8：專利案 GB190710160A

9：ResearchGate 的 討論串列 [researchgate.net/figure/Syntax-tree-Chomsky-1956117_fig1_332148848] 網頁

10：維基百科的 Snytactic Structures [en.wikipedia.org/wiki/Sytactic_Structures] 網頁

11：台北市立動物園外的 地磚一眾

12：底圖乃攝影 忒從仁於 皙展示窗口 於其 臨一通道 往 同一樓層的 松山機場觀景台。底圖經過修圖 而 移除彩色 和 部分標誌 及 花紋。

附　錄

A.1 第一候選表（THE FIRST CANDIDATE TABLE）

　　本第一候選表有 397 個初調字。第一章的 圖 1-36 只根據其中的 395 個字 去 做統計。該圖忽略了'岑'和'艙'兩字。『行號』欄後的『字』欄位代表初調字欄位。『py1、py2、py3』各代表第一、二、三碼欄位 匸於 所轄注音群 予所屬初調字群。

行號	字	左碼	右碼	py1	py2	py3	聲調	LMSB
1	八	15	16	b	8		1	1615
2	伯	13	54	b	6		2	5413
3	白	54		b	i		2	54
4	貝	57		b	a		4	57
5	抱	25	7	b	#		4	725
6	爿	37		b	3		4	37
7	本	43	14	b	&		3	1443
8	卩	49		b	!		1	49
9	进	29	37	b	0		4	3729
10	匕	34		b	e		3	34
11	別	55	23	b	e	x	2	2355
12	髟	32	8	b	e	#	1	832
13	边	29	64	b	e	3	3	6429
14	彬	69	8	b	e		1	869
15	併	13	37	b	e	0	4	3713
16	卜	24		b	y		3	24
17	怕	24	54	p	8		4	5424
18	迫	29	54	p	6		4	5429
19	拍	25	54	p	i		1	5425
20	呸	65	42	p	a		1	4265
21	跑	36	7	p	#		3	736
22	剖	71	23	p	o		1	2371
23	沍	26	38	p	3		4	3826
24	呔	65	43	p	&		1	4365
25	胖	2	61	p	!		4	6102
26	朋	2	2	p	0		2	202
27*	妃	62	7	p	e		3	762
28	丿	15		p	e	x	3	15
29	朴	43	24	p	e	#	2	2443
30	片	38		p	e	3	4	38
31	拼	25	37	p	e	&	1	3725
32	帡	64	37	p	e	0	1	3764
33	仆	13	24	p	y		2	2413
34	儔	13	8	m	8		3	813
35	陌	49	68	m	6		4	6849
36	麼	22	67	m	2		0	6722
37	劢	11	64	m	i		4	6411
38	玫	8	57	m	a		4	5708
39	毛	61		m	#		2	61
40	侔	13	40	m	o		2	4013
41	楣	43	37	m	3		2	3743
42	門	49	50	m	&		2	5049
43	忙	24	19	m	!		2	1924
44	猛	33	42	m	0		3	4233
45	冖	20		m	e		4	20
46	謬	51	42	m	e	o	4	4251
47	宀	48		m	e	3		48
48	民	55	47	m	e	&	2	4755
49	明	65	2	m	e	0		265
50	木	43		m	y		4	43
51	法	26	72	f	8		4	7226
52	仏	13	18	f	6		2	1813
53	妃	58	7	f	a		1	758
54	紑	67	43	f			1	4367
55	帆	64	32	f	3		3	3264
56	紛	67	39	f	&		1	3967
57	匸	4		f	!		`1	4
58	馮	3	8	f	0		2	803
59	妇	58	3	f	y		4	358
60	打	25	45	d	8		3	4525
61	的	54	11	d	2		0	1154
62	代	13	46	d	i		4	4613
63	刀	35		d	#		1	35
64	陡	49	36	d	o		3	3649
65	臽	52		d	3		4	52
66	砀	68	11	d	!		4	1168
67	蹬	36	42	d	0		4	4236
68	氐	46	47	d	e		1	4746
69	牒	38	38	d	e	x	2	3838
70	凋	3	2	d	e	#	1	203
71	鋌	52	42	d	e	o	1	4252
72	蹟	36	72	d	e		1	7236
73	鼎	37	38	d	e		1	3837
74	肚	2	62	d	y		4	6202
75	哆	69	50	d	y	6	1	5069
76	対	57	45	d	y	a	4	4557
77	斷	34	44	d	y	3	4	4434
78	遞	29	11	d	y	&	4	1129
79	动	42	64	d	y	0	4	6442
80	跶	36	11	t	8		1	1136

註：第 20 項可考慮用第二候選表的『陪』交換，或 用 3213 碼的『佩』或 752 碼的『配』去替代。

*註：第 27 項可考慮用 36 碼的『疋』替代，把 762 碼的『圯』放入第二候選表，形成交換。『疋』字在字典裡也被當匹字用，如布疋。該字意爲布帛的 一端。

行號	字	左碼	右碼	py1	py2	py3	聲調	LMSB		行號	字	左碼	右碼	py1	py2	py3	聲調	LMSB
81	弒	5	46	t	2		4	4605		121	剌	43	23	l	8		4	2343
82	貤	32	18	t	i		2	1832		122	了	11		l	2		0	11
83	叨	65	35	t	#		1	3565		123	倈	41	43	l	i		2	4341
84	透	29	39	t	o		4	3929		124	肋	2	64	l	a		4	6402
85	坦	62	2	t	3		1	262		125	络	67	66	l	#		4	6667
86	趙	36	9	t	!		4	936		126	摟	25	58	l	o		1	5825
87	譽	61	51	t	0		2	5161		127	拦	25	11	l	3		2	1125
88	提	25	36	t	e		2	3625		128	朗	38	2	l	!		3	238
89	帖	64	51	t	e	x	1	5164		129*	忹	24	36	l	0		4	3624
90	調	51	2	t	e	#	2	251		130	力	64		l	e		4	64
91	填	62	72	t	e	3	2	7262		131	迾	29	25	l	e	x	4	2529
92	听	65	44	t	e	0	1	4465		132	摺	25	66	l	e	#	4	6625
93	土	62		t	y		3	62		133	遟	29	5	l	e	o	4	529
94	拓	25	68	t	y	6	2	6825		134	連	29	23	l	e	3	2	2329
95	推	25	12	t	y	a	1	1225		135	林	43	43	l	e	&	2	4343
96	糯	38	65	t	y	3	2	6538		136	倆	13	63	l	e	!	3	6313
97	鲀	52	34	t	y	&	2	3452		137	令	18	42	l	e	0	4	4218
98	桐	43	2	t	y	0	2	243		138	路	36	66	l	y		4	6636
99	那	45	49	n	8		4	4945		139	洛	26	66	l	y	6	4	6626
100	訥	51	28	n	2		3	2851		140	卵	50	49	l	y	3	3	4950
101	迺	29	63	n	i		3	6329		141*	纶	67	34	l	y	&	2	3467
102	内	28		n	a		4	28		142	珑	8	46	l	y	0	2	4608
103	腦	2	51	n	#		3	5102		143	郎	66	49	l	u		3	4966
104	难	57	12	n	3		2	1257		144	略	69	57	l	u	x	4	5769
105*	嫩	58	59	n	&		4	5958		145	尬	32	2	g	8		4	232
106	攘	46	72	n	!		2	7246		146	戈	46		g	2		1	46
107	能	44	34	n	0		2	3444		147	改	7	57	g	i		3	5707
108	膩	2	46	n	e		3	4602		148	給	67	51	g	a		3	5167
109*	躡	36	36	n	e	x	4	3636		149	稿	39	72	g	#		3	7239
110	嬝	58	69	n	e	#	3	6958		150	购	57	11	g	o		4	1157
111	牛	40		n	e	o	2	40		151	肝	2	41	g	3		1	4102
112*	鮎	52	5	n	e	3	2	552		152	艮	55		g	&		4	55
113	您	28	31	n	e	&	2	3128		153	剛	2	23	g	!		1	2302
114	娘	58	38	n	e	!	2	3858		154	耕	39	37	g	0		1	3739
115	佞	13	42	n	e	0	4	4213		155	催	13	12	g	y		4	1213
116	奴	58	57	n	y		2	5758		156	卦	69	24	g	y	8	4	2469
117	挪	25	39	n	y	6	2	3925		157	过	29	45	g	y	6	4	4529
118	浓	26	47	n	y	0	2	4726		158	拐	25	56	g	y	i	3	5625
119	女	58		n	u		3	58		159	櫃	43	4	g	y	a	4	443
120	諉	51	34	n	u	x	4	3451		160	卯	27	30	g	y	3	4	3027

＊註：第 105 項屬 於 造字。本來用 A.2 的 3958 嫩（女 + 欠）就能符合規則 且 不用造字，但 就記憶上說，女 + 小 更好記相較於 女 + 欠，畢竟 小女生 感覺更嫩 相較於 欠女生。因此，筆者並未對調 A.1 和 A.2 的 105 項。

＊註：第 109 本來若採用『鎳』去 得 2852 可能更實用 於 週期表，但是『躡』的 3636 太形象化了，看起來真的像是躡手躡腳地偷偷走，很有利於 記憶，所以筆者並沒有換掉它。

＊註：第 112 項『鯰』的 552 碼乍看好像不合規則，但 其實是合規則的。 同理，『唸』若用 565 也符合規則 且 有心口並用的 會意。不過，就形 象論，522 可以同時兼顧 黏 和 唸的 感覺，因為，魚滑溜溜的 加上心 的 曲線看起來就有點黏 且『臽』的 52 碼外型有點像『言』的 51 碼， 且 52 碼常被用來代表『金』字，其頂部也有『念』字裡的『人』。反 過來說，『唸』的 感覺並不黏。所以，綜合諸多考量後，再加上鯰魚 的 鮮明卡通形象，筆者沒有用『唸』在 A.1，而是用了『鯰』。

＊註：第 129 項『怔』已被內文解釋過，是基於‘走心’的 概念去使用了 3624 碼。

＊註：第 141 項的『纶』的 3467 乍看之下不合規則，但其實是合規則的， 讀者可練習想想為何。

行號	字	左碼	右碼	py1	py2	py3	聲調	LMSB		行號	字	左碼	右碼	py1	py2	py3	聲調	LMSB
161	丨	13		g	y	&	3	13		201	己	7		9	e		3	7
162	廣	22		g	y	!	3	22		202	加	64	65	9	e	8	1	6564
163	工	3		g	y	0	1	3		203	戒	69	46	9	e	x	4	4669
164	咖	69	64	k	8		1	6469		204	叫	65	27	9	e	#	4	2765
165	可	56		k	2		3	56		205	臼	1		9	e	o	4	1
166*	开	61	41	k	i		1	4161		206	建	42	42	9	e	3	4	4242
167	攷	70	57	k	#		3	5770		207	斤	44		9	e	&	1	44
168	口	65		k	o		3	65		208	將	37	40	9	e	!	1	4037
169	刊	41	23	k	3		1	2341		209	阱	49	37	9	e	0	3	3749
170	啃	65	38	k	&		3	3865		210	佢	13	4	9	u		4	413
171	扛	25	3	k	!		2	325		211	尪	8	8	9	u	x	2	808
172*	硜	68	3	k	0		1	368		212	褐	27	56	9	u	3	1	5627
173	枯	43	68	k	y		1	6843		213	圳	62	6	9	u	&	1	662
174	跨	36	70	k	y	8	4	7036		214	迴	29	2	9	u	0	3	229
175	擴	25	22	k	y	6	4	2225		215	祁	27	49	7	e		2	4927
176	快	24	38	k	y	i	4	3824		216	搯	25	52	7	e	8	1	5225
177	廓	12	70	k	y	a	1	7012		217	切	62	35	7	e	x	1	3562
178	款	63	39	k	y	3	3	3963		218	巧	3	70	7	e	#	3	7003
179	坤	62	58	k	y	&	1	5862		219	球	8	72	7	e	o	1	7208
180	勖	4	64	k	y	!	1	6404		220	千	21		7	e	3	1	21
181	孔	11	26	k	y	0	3	2611		221	沁	26	5	7	e	&	4	526
182	哈	65	51	h	8		1	5165		222	強	11	38	7	e	!	2	3811
183	禾	39		h	2		2	39		223	頃	34	63	7	e	0	1	6334
184	孩	11	72	h	i		2	7211		224	趣	36	57	7	u		4	5736
185	黑	61	10	h	a		1	1061		225	卻	52	49	7	u	x	4	4952
186	好	58	11	h	#		3	1158		226	邛	3	49	7	u	0	2	4903
187	候	24	63	h	o		4	6324		227	权	43	57	7	u	3	1	5743
188	和	39	65	h	3		4	6539		228	群	52	21	7	u	&	2	2152
189	很	41	55	h	&		3	5541		229	西	63		c	e		1	63
190	远	29	19	h	!		2	1929		230	峽	53	63	c	e	8	2	6353
191	桁	43	70	h	0		2	7043		231	械	43	46	c	e	x	4	4643
192	弧	11	9	h	y		2	911		232	小	59		c	e	#	3	59
193	化	13	34	h	y	8	4	3413		233	休	13	43	c	e	o	1	4313
194	或	55	46	h	y	6	4	4655		234	仙	13	53	c	e	3	1	5313
195	淮	26	12	h	y	i	2	1226		235	心	5		c	e	&	1	5
196	滙	26	4	h	y	a	4	426		236	相	43	65	c	e	!	1	6543
197	还	29	43	h	y	3	2	4329		237	行	41	70	c	e	0	1	7041
198	澗	26	65	h	y	&	4	6526		238	須	8	63	c	u		1	6308
199*	恍	24	9	h	y	!	3	924		239	削	38	23	c	u	x	4	2338
200	紅	67	3	h	y	0	2	367		240	選	29	7	c	u	3	3	729

＊註：第 166 項可考慮用第二候選表的『開』3738 去 交換；160 項也可考慮用第二候選表的『關』5655 去 交換。因為 A.2 的‘開’和’關’在拼筆外型上有開放 和 閉合的 配對差異。

＊註：照 172 項的 拼法，『硜』用 368 本來順理應該導致『經』用 367，但這會混淆『紅』在第 200 項。所以，A.2 的‘經’使用了 467，而 A.1 選了『阱』的 3749 在 第 209 項。

＊註：第 199 項可考慮用 3868 碼的『礦』替代，把 924 碼的『恍』放入第

二候選表，形成交換。理由是這裡恍的 雙拼碼 924 並不明顯地符合規則，除非運用平移技巧才合，但 磺的 雙拼碼 3868 合乎規則，即使不平移也行。話說回來，目前沒有做此替換是 肇因於 38 碼的 PP 欄並不集中優先對應 於‘黃’，且‘石＋片’不如‘忄＋爪’更能讓人會意原字。

註：第 212 項可考慮用第二候選表的『捲』4025 去交換。

行號	字	左碼	右碼	py1	py2	py3	聲調	LMSB	行號	字	左碼	右碼	py1	py2	py3	聲調	LMSB
241	訊	51	47	c	u	&	4	4751	281	纱	67	15	v	8		1	1567
242	悩	24	1	c	u	0	1	124	282	什	13	23	v	2		2	2313
243*	織	67	46	j			1	4667	283	晒	65	63	v	i		4	6365
244	扎	25	26	j	8		2	2625	284	誰	51	12	v	a		2	1251
245	這	29	51	j	2		4	5129	285	梢	43	38	v	#		1	3843
246	摘	25	72	j	i		1	7225	286	扌	25		v	o		3	25
247	找	25	46	j	#		3	4625	287	山	53		v	3		1	53
248	州	16	6	j	o		1	616	288	屾	53	53	v	&		1	5353
249	战	51	46	j	3		4	4651	289	晌	65	28	v	!		3	2865
250	朕	2	39	j	&		4	3902	290	升	21	23	v	0		1	2321
251	胀	2	38	j	!		4	3802	291	术	15	72	v	y		1	7215
252	郑	39	49	j	0		4	4939	292	刷	49	23	v	y	8	1	2349
253	竹	10		j	y		2	10	293	說	51	32	v	y	6	1	3251
254	丂	9		j	y	8	3	9	294	帅	23	64	v	y	i	4	6423
255	捉	25	42	j	y	6	1	4225	295	閂	55	50	v	y	3	1	5055
256	踱	36	46	j	y	i	3	4636	296	順	6	63	v	y	&	4	6306
257	佳	12		j	y	a	1	12	297	双	57	57	v	y	!	1	5757
258	轉	72	72	j	y	3	1	7272	298	稅	39	32	v	y	a	4	3239
259	准	3	12	j	y	&	3	1203	299	祖	27	65	q			4	6527
260*	壯	37	62	j	y	!	4	6237	300	热	10	32	q	2		4	3210
261	种	39	58	j	y	0	3	5839	301	遠	29	62	q	#		4	6229
262	彳	41		w			1	41	302	蹂	36	39	q	o		2	3936
263	扏	25	57	w	8		1	5725	303	人	60		q	&		2	60
264	彻	41	35	w	2		4	3541	304	蚋	28	2	q	3		2	228
265	豺	40	33	w	i		2	3340	305	讓	51	72	q	!		4	7251
266	抄	25	15	w	#		1	1525	306*	扔	25	70	q	0		2	7025
267	稠	39	2	w	o		2	239	307	如	58	65	q	y		4	6558
268	詔	51	52	w	3		3	5251	308	弱	70	70	q	y	6	4	7070
269	陳	49	43	w	&		2	4349	309	蚋	28	28	q	y	a	2	2828
270	厂	17		w	!		3	17	310	阮	49	47	q	y	3	3	4749
271	成	28	46	w	0		2	4628	311	閏	49	56	q	y	&	4	5649
272	初	27	35	w	y		1	3527	312	戎	61	46	q	y	0	4	4661
273	辶	29		w	y	6	4	29	313	仔	13	11	z			3	1113
274	端	36	38	w	y	i	4	3836	314	砸	68	4	z	8		2	468
275	吹	65	39	w	y	a	1	3965	315	則	57	23	z	2		2	2357
276	川	6		w	y	3	1	6	316	載	72	46	z	i		4	4672
277	鵬	17	8	w	y	&	1	817	317	遭	29	71	z	#		1	7129
278	床	22	43	w	y	!	2	4322	318	鄒	69	49	z	o		4	4969
279	仲	24	58	w	y	0	1	5824	319	咱	65	54	z	3		2	5465
280	十	23		v			2	23	320	譖	51	71	z	&		4	7151

*註：第 243 項可考慮用 4639 碼的『秖』替代，並 可同時考慮把 4627 碼的『祇』放入第二候選表。但是目前 A.1 的『織』本身也有其優勢。這裡建議用 4639 的'秖'去替代，是因爲其部首爲禾，但其單筆右碼又是個戈邊，所以其當 被轉調 去 表達『之』、『紙』、『只』、『制』時都沒有違和感。唯一可惜的是'秖'算一個罕用字。A.1 目前使用 4667，是 肇因於 其直接對應『織』和『紙』兩個常用字，而非對應罕用字。所以 A.1 的 原選擇也甚爲合理。也許剛開始練習時先使用原 A.1 的 版本 去 幫助記憶，待使用者熟練後再引入其它諸替代法會是個折衷的 方案。

*註：第 260 項可考慮用 1937 碼的『狀』替代，把 6237 碼的『壯』放入第二候選表，形成交換。

*註：第 306 項可考慮用 7027 碼的『礽』替代，把 7025 碼的『扔』放入第二候選表，形成交換。

行號	字	左碼	右碼	py1	py2	py3	聲調	MSB
321	祥	37	21	z	!		1	2137
322	贈	57	71	z	0		4	7157
323	阻	49	57	z	y		3	5749
324	做	13	57	z	y	6	4	5713
325	晬	65	72	z	y	a	4	7265
326	鑽	52	37	z	y	3	1	3752
327	遵	29	40	z	y	&	1	4029
328	纵	67	69	z	y	0	4	6967
329	此	18	34	4			3	3418
330	搽	25	38	4	8		1	3825
331	測	53	23	4	2		4	2353
332	才	33		4	i		2	33
333	艸	61	61	4	#		3	6161
334	滕	2	72	4	o		4	7202
335	殘	11	46	4	3		2	4611
336	岑	61	26	4	&		2	2661
337	艙	44	52	4	!		1	5244
338	噌	65	71	4	0		1	7165
339	徂	41	57	4	y		2	5741
340	楷	43	71	4	y	6	4	7143
341	粹	38	72	4	y	a	4	7238
342	巑	53	37	4	y	3	2	3753
343	寸	45		4	y	&	4	45
344	从	60	60	4	y	0	2	6060
345	絲	67	67	s			1	6767
346	颯	42	32	s	8		4	3242
347	圾	62	42	s	2		4	4262
348	毢	61	63	s	i		1	6361
349	艘	44	57	s	#		1	5744
350	颼	32	1	s	o		1	132
351	森	43	69	s	&		1	6943
352	磉	68	44	s	!		1	4468
353	僧	13	71	s	0		1	7113
354	弎	12	46	s	3		1	4612
355	訴	51	44	s	y		4	4451
356	所	58	44	s	y	6	3	4458
357	雖	55	12	s	y	a	1	1255
358	蒜	69		s	y	3	4	69
359	孙	11	59	s	y	&	1	5911
360	送	29	1	s	y	0	4	129
361	丫	30		8			1	30
362	呵	69	45	6			1	4569
363	蚵	28	56	2			2	5628
364	诶	51	39	x			4	3951
365	乂	71		i			4	71
366	歆	39	39	a			4	3939
367	拗	25	64	#			3	6425
368	歐	4	39	o			1	3904
369	謳	51	51	3			4	5151
370	嗯	69	5	&			1	569
371	卬	46	49	!			2	4946
372	儿	32		r			2	32
373	一	14		e			1	14
374	亞	42	12	e	8		3	1242
375	嗊	65	37	e	6		1	3765
376	咽	65	65	e	x		4	6565
377	眶	65	69	e	i		2	6965
378	幺	67		e	#		1	67
379	幼	67	64	e	o		4	6467
380	言	51		e	3		2	51
381	廴	42		e	&		3	42
382	麗	32	65	e	!		2	6532
383	硬	68	63	e	0		4	6368
384	武	46	46	y			3	4646
385	瓦	31	47	y	8		3	4731
386	我	45	46	y	6		3	4645
387	外	50	24	y	i		2	2450
388	唯	65	12	y	a		2	1265
389	玩	8	47	y	3		2	4708
390	紋	67	72	y	&		2	7267
391	王	8		y	!		2	8
392	翁	40	70	y	0		1	7040
393	於	72		u			2	72
394	佣	13	2	u	0		4	213
395	運	29	20	u	&		4	2029
396	歾	50	55	u	3		4	5550
397	月	2		u	x		4	2

註:第338項可考慮用第二候選表的『層』6649去交換。

註:第362項可考慮用2965碼的『喔』替代,並把6965碼的『呵』放到第二候選表,形成交換。本來,『呵』應該採用5665碼,但是該碼被第二候選表的『喝』運用。考慮到『喝』為常用字,且'口、可'兩碼暗示'口渴',對『喝』字更有幫助,故有該4569碼的拆字法出現。

註：第 377 項可考慮挪用第二候選表裡 6253 碼的『崼』去替代，把 6230 碼的『崖』留在第二候選表，並 把 6965 碼讓給 第二候選表的『品』，讓編碼法更一致。

註：第 381 項『攵』字據字典稱代表‘引’字 在 古時，且有‘長途行進’之意。

註：第 390 項可考慮用第二候選表的『吻』去交換。且 即使保持用『紋』，也能改拼爲 5867。A.2 的‘吻’因爲有口部，故適合被轉調去表達『問』，且 右碼像耳朵，故也適合被轉調 去 表達『聞』。目前 A.1 用‘紋’是 肇因於 二聲更常被使用 較於 三聲 在這個音群裡。換言之雖然『吻』更好寫 且 更能被會意，但 其須要更常地搭配轉調。更甚者，當‘吻’被用在‘穩定’這種詞彙時，其效果不如用‘紋’去 轉三聲。

　　第一候選表作爲輕裝簡行的 基本工具，通常不是 溯仁於 太複雜的 輪廓化簡 抑或 連筆化簡。設計上盡可能讓各初調字的 拼筆過程直覺、最好是能直接引用 轉碼表 去 替代部首 和 剩餘諸筆劃。

　　相較下，第二候選表的 重點是 在於 補強第一候選表。所以經常選用不同的 音調 給 初調字 針對於 同一音群。這麼做可搭配第一候選表 去 減少轉調需求，也能更好地表達常用字義之眾。

　　第二候選表的 設計 配合著第一候選表的 習慣，且在選字上試圖避免混淆第一候選表。但因此，很多好拼的 字被第一候選表先羅列，造成第二候選表的 拼字複雜度略爲高於 其 在 第一候選表。換句話說，第二候選表內有更多初調字會經歷大量的 簡化 和 少用的 一撇拆字方法。

　　比如第一候選表選『併』，其可直接查表替代『亻』和『并』，過程甚至沒有經歷輪廓簡化；相較下，第二候選表選『冰』，其拆字過程把『水』拆成了左右兩部分，且把該左側部分連接了『冫』部 去 得到『爿』作爲左碼。這是一個罕見的 拆法，雖然最後因此能符合連筆的 規則。這麼做有另一個考量，就是要搭配第一候選表的 設計。因爲，第一候選表裡的『將』，有左碼爲‘爿’，所以，若 第二候選表裡的『冰』被用來發『兵』的 音，則 可擁有一個左碼 同於‘將’字，即是說，表達‘將’和‘兵’的 雙疋字組時，類似存在相同的 字首『爿』，但搭配不同的 兩種字根。

　　因此，第二候選表的 一眾選擇裡，有些似乎不那麼直覺，但卻是非常有用。

　　www.danby.tw 將提供額外的 一摺説明。

A.2 第二候選表（THE SECOND CANDIDATE TABLE）

　　有如第一候選表一般，本第二候選表也有 397 個行號。其中 LMB 欄位即 LMSB 欄位。在内於 第二候選表裡，有些行有額外的 初調字 於其 被包含在大括弧裡。該額外的初調字一摺本應被放 在 第三候選表，但其成員數量不多，故直接被放 在 第二候選表内。

行號	初調字	左碼	右碼	py1	py2	py3	聲調	LMB
1	把	25	55	b	8		3	5525
2	柏	43	54	b	6		2	5443
3	佰	13	68	b	i		3	6813
4	北	33	34	b	a		3	3433
5	抱	11	7	b	#		1	711
6	版	38	44	b	3		3	4438
7	迸	29	61	b	&		4	6129
8	綁	67	49	b	!		3	4967
9	繃	67	10	b	0		1	1067
10	苗	68	68	b	e		4	6868
11	呦{2350別}	65	5	b	e	x	2	565
12	矮	58	72	b	e	#	3	7258
13	偏	41	44	b	e	3	4	4441
14	斌	58	46	b	e	&	1	4658
15	冰	37	4	b	e	0	1	437
16*	钚{4971部}	46	43	b	y		4	4346
17	爬	9	55	p	8		2	5509
18	鉅{金匚452}	46	4	p	i		3	446
19	牌	38	21	p	i		2	2138
20*	铬{陪7149}	46	71	p	a		2	7146
21	鲍{771炮}	22	7	p	#		2	722
22	抔	25	25	p	o		2	2525
23	棑{2143}	43	30	p	3		2	3043
24	盆	26	42	p	&		1	4226
25	傍	41	72	p	!		2	7241
26*	槻{3768磯}	43	18	p	0		4	1843
27	裨{疋36}	27	21	p	e		2	2127
28	气	21	31	p	e	x	1	3121
29	飄	63	32	p	e	#	1	3263
30	肨	2	37	p	e	3	2	3702
31*	品	69	65	p	e	&	3	6569
32	瓶	37	31	p	e	0	2	3137
33	潽	26	71	p	y		3	7126
34	蟆	28	39	m	8		2	3928
35	磨	22	68	m	6		2	6822
36	麼	22	67	m	2		0	6722
37	鵬	57	8	m	i		3	857
38	鎂{鎂3952}	46	39	m	a		3	3946
39	貓	40	71	m	#		1	7140
40	踇	36	40	m	o		3	4036

行號	初調字	左碼	右碼	py1	py2	py3	聲調	LMB
41	邊{5724慢}	51	57	m	3		4	5751
42	懜	5	37	m	&		4	3705
43	氓	19	55	m	!		2	5519
44	萌	71	2	m	0		2	271
45	敉{宓548}	38	57	m	e		3	5738
46	繆	67	42	m	e	o	4	4267
47	甒{5163}	63	68	m	e	3	4	6863
48*	敏	67	57	m	e	&	3	5767
49	命{6550名}	54	30	m	e	0	4	3054
50	姆	58	50	m	y		3	5058
51	伐	13	72	f	8		2	7213
52	仏	13	18	f	6		2	1813
53	飞{3833非}	31	4	f			1	431
54	甀	67	31	f	o		3	3167
55	反	17	57	f	3		2	5717
56	坋{粉3938}	62	39	f	&		3	3962
57	放	72	57	f	!		1	5772
58	風	15	31	f	0		1	3115
59	腐	22	28	f	y		3	2822
60	大	61	16	d	8		4	1661
61	得	41	56	d	2		2	5641
62	待{4229逮}	41	33	d	i		1	3341
63	到{825搗}	31	27	d	#		4	2731
64	都	54	49	d	o		1	4954
65	妕	25	52	d	3		1	5225
66	褚	27	71	d	!		4	7127
67	燈	71	42	d	0		1	4271
68	地	62	64	d	e		4	6462
69	嗲	54	26	d	e	x	1	2654
70	釣	52	45	d	e	#	1	4552
71	丟	8	28	d	e	o	1	2808
72	淀{4805}	26	36	d	e	a	3	3626
73	矴{3648定}	68	45	d	e	0	4	4568
74	讀{5722度}	51	63	d	y		4	6351
75	移	27	50	d	y	6	3	5027
76	堆{隊6049}	62	12	d	y	a	1	1262
77	端	19	38	d	y	3	1	3819
78	蹲	36	37	d	y	&	1	3736
79	东	61	59	d	y		1	5961
80	達(汏){3448它}	42	61	t	8		4	6142

*註：第16項的『钚』和『部』都很常用。前者因為外形和發音都像『不』，所以很多時候更方便 甚於 A.1 的『卜』轉四聲。但'钚'並非常用字，且多一碼 較於'卜'，所以屈居 A.2；後者因為適合被用 去 助表達'部分'一詞，所以被大括弧包起來。

*註：第31項的『品』，如內文所說，本來應該用6965去表達，但因為A.1的睊佔用了該碼，所以才被置換成6569。這屬於 A.1 的 設計疏失。因此 A.1 的 註解才會說讓 377項的『睊』改成『崷』，這樣 A.2 裡 第31項的『品』就能名正言順地使用 6965。

＊註：第 48 項的『敏』用了 5756 作爲 LMB 碼，這使得其拼筆雖能靠平移
　　連筆 去 合規則，但不很像原字，因此沒入選 A.1。

行號	初調字	左碼	右碼	py1	py2	py3	聲調	LMB	行號	初調字	左碼	右碼	py1	py2	py3	聲調	LMB
81	特	40	40	t	2		4	4040	121	拉	25	19	l	8		4	1925
82	太	61	19	t	i		4	1961	122	防	49	64	l	2		4	6449
83	套{3029逃}	61	18	t	#		1	1861	123	菊	43	64	l	i		4	6443
84	工		19	t	o		2	19	124	類	39	63	l	a		4	6339
85	壇{161毯}	62	19	t	3		2	1962	125*	嶗{6471勞}	53	40	l	#		2	4053
86	唐	22	65	t	!		2	6522	126	康	22	58	l	o		2	5822
87	澄	29	4	t	0			429	127	鐲	52	56	l	3		4	5652
88	彜	57	43	t	e		3	4357	128	廊{4938郎}	22	49	l	!		2	4922
89	鐵	52	46	t	e	x	3	4652	129	冷	3	42	l	0		3	4203
90	跳	36	32	t	e	#	4	3236	130	礼	27	26	l	3		2	2627
91	天	15	42	t	e	3	1	4215	131	列{5833獵}	11	23	l	e	x	4	2311
92	廷	42	62	t	e	0	2	6242	132	釘	52	11	l	e	#	3	1152
93	屠	49	12	t	y			1249	133	留	54	35	l	e	o	2	3554
94	脫{6252乱}	2	32	t	y	6		3202	134	鍊	52	43	l	e	3	4	4352
95	退	29	55	t	y	a		5529	135	鄭	11	49	l	e	&	2	4911
96	劓	45	23	t	y	3	2	2345	136	輔	72	63	l	e	!	4	6372
97	湦	26	52	t	y	&	1	5226	137	怜	24	42	l	e	0	2	4224
98	銅{通2829}	52	2	t	y	0		252	138	爐	71	34	l	y		2	3471
99	X			n	8		4		139	邏	29	50	l	y	6	2	5029
100	X			n	2		4		140	亂	44	26	l	y	3		2644
101	乃	15	11	n	i		3	1115	141*	論	51	40	l	y	&	4	4051
102	X			n	a		4		142	龍{1272}	72	67	l	y	0	2	6772
103	X			n	#		3		143	律{512廬}	41	42	l	u		4	4241
104	難	39	12	n	3		3	1239	144	略	1	66	l	u	x	4	6601
105*	嫩	58	39	n	&		4	3958	145	嘎	65	46	g	8		1	4665
106	X			n	!		2		146	歌	70	46	g	2		1	4670
107	X			n	0		2		147	胲	57	42	g	i		1	4257
108	你	30	31	n	e		3	3130	148*	給	67	44	g	a		3	4467
109	X			n	e	x	4		149	鎕{3955}	44	39	g	#		1	3944
110	X			n	e	#	3		150*	泃	26	45	g	o		1	4526
111	扭	25	29	n	e	o	3	2925	151	桿{4136趕}	43	41	g	3		1	4143
112	X			n	e	3	2		152	跟{5543根}	36	55	g	&		1	5536
113	您	26	11	n	e	&	2	1126	153	崗	30	33	g	!		3	3330
114*	釀	68	72	n	e	!	4	7268	154	更	70	42	g	0		4	4270
115	狩	33	70	n	e	0	4	7033	155*	瓢	72	9	g	y		1	972
116	努	58	64	n	y		3	6458	156*	瓜	9	16	g	y	8	4	1609
117	舩{唔3069}	44	49	n	y	6	2	4944	157	锅	46	56	g	y	6	1	5646
118	拼	25	41	n	y	0	4	4125	158	怪	24	66	g	y	i	4	6624
119	X			n	u		3		159	硅	68	62	g	y	a	1	6268
120	X			n	u	x	4		160	關	55	56	g	y	3	1	5655

註：有些行號跟著一撇 X 記號 去 給出空的 初調字料，表示 在 應用上該等
　　行號沒有必要、或不易再給出額外的 初調字（比如 100 行）。

＊註：第 105 項已被解釋 式於 A.1 的 註解。該註解講這裡 A.2 的『嫩』雖
　　然用 3958 去 符合規則，但不如 A.1 的 選擇好記好寫。

＊註：第 114 項的『釀』，除了用 7268，還能用 7252、7231 等兩種拼法。

* 註：第 125 項的『嵧』用 4053 可符合規則，意義上‘山 + 牛’也很有勞
  力形像。括弧裡的『勞』用 6471 並不合規則，除非使用直拼，但是，
  ‘火 + 力’保有了原字的 主要成分，是非常形像的，可能更好記 較
  於 諸正規拼法。

* 註：第 141 項的『論』用 4051 去 組合成‘言 + 牛’好像講話很牛。但本
  來用 4551 的‘言 + 寸’會更合適。因爲 4551 被考慮到直接去代表
  『討』，所以『論』才改用 4051。這裡頭還有一個計較，就是 A.1 的
  『叨』雖然好寫好拼，但有時不那麼直覺 對於‘逃跑’、‘套路’等
  詞彙，所以保留 4551 給‘討’的 音群就有其必要。

* 註：第 148 項的『給』用 4467 是 旨在 補強 A.1 的 5167。因爲‘給’字
  有重要功能 於 文法。

* 註：第 150 項的『洶』用 4526 是 旨在 提供不同的 輪廓選擇 相較於 A.1
  的『购』。本來‘购’可以使用 4557，但因爲該碼被『对』使用，
  所以才用曲線主導的 1157 去表達。但這種退讓可能不同於人們的 習
  慣，所以 A.2 補充一個折線主導的 版本去滿足人們的習慣。

* 註：第 155 項的『軱』配套 A.1 的『偏』。它用在‘估計’還是挺管用的。
  用『孤』的 945 也可服務本音群。

* 註：第 156 項的『瓜』要得得到其 1609 碼可以拆字把一捺當右碼、讓一
  點當成捺使左碼可爲『爪』。

行號	初碼字	左碼	右碼	py1	py2	py3	聲調	LMB	行號	初碼字	左碼	右碼	py1	py2	py3	聲調	LMB
161	戟	72	32	g	y	!	1	3272	201	积{計2351}	39	57	9	e		1	5739
162	供	13	39	g	y	0	4	3913	202	殳	55	57	9	e	8	3	5755
163	棍	43	31	g	y	&	4	3143	203	姊	58	35	9	e	x	3	3558
164	佧	13	44	k		8	3	4413	204	較{2936跤}	72	29	9	e	#	4	2972
165	科{5643柯}	39	27	k		2	1	2739	205	糾	67	27	9	e	o	1	2767
166	開	38	37	k		i	1	3738	206	歼	31	21	9	e	3	1	2131
167	犕	40	72	k		#	4	7240	207	進	29	12	9	e	&	4	1229
168	扣	25	65	k		o	4	6525	208	講	51	37	9	e	!	3	3751
169	勘	12	64	k		3	4	6412	209	經{2337荆}	67	4	9	e	0	1	467
170	懇	5	55	k		&	4	5505	210	矩	21	4	9	u		3	421
171	炕	71	72	k		!	4	7271	211	撅	25	53	9	u	x	2	5325
172	坑	62	31	k		0	1	3162	212*	捲	25	40	9	u	3	3	4025
173	庫	22	41	k	y		4	4122	213	均	62	37	9	u	&	1	3762
174	誇	51	70	k	y	8	1	7051	214	睿	48	52	9	u		3	5248
175	蛞	28	18	k	y	6	4	1828	215	起{336起}	36	23	7	e		3	2336
176	龕{6622龕}	52	23	k	y	i	4	2352	216	恰	24	51	7	e	8	2	5124
177	潰	26	39	k	y	a	4	3926	217	且	18	23	7	e	x	3	2318
178*	髋	48	31	k	y	3	1	3148	218	撬	25	61	7	e	#	1	6125
179	砷	68	65	k	y	&	3	6568	219	邱	18	49	7	e		1	4918
180	礦{狂833}	68	22	k	y	!	4	2268	220	拑	25	1	7	e	3	2	125
181	空	48	3	k	y	0	2	348	221	勤	8	64	7	e	&	2	6408
182	蛤	28	51	h	8		2	5128	222	腔	2	18	7	e	!	1	1802
183	喝	65	56	h	2		1	5665	223	顷	34	60	7	e	0	4	6034
184	還{3172氛}	29	66	h	i		2	6629	224	取{驅408}	21	57	7	u		3	5721
185	X			h	a				225	炔	71	38	7	u	x	1	3871
186	蚝	28	61	h	#		2	6128	226*	瓊	8	52	7	u	0	2	5208
187	後	41	58	h	o		4	5841	227*	至	61	7	7	u	3	1	761
188	涵	26	1	h	3		2	126	228	裙	27	52	7	u		2	5227
189	痕	3	55	h	&		2	5503	229	习	2	45	c	e		2	4502
190	夯	61	64	h	!		1	6461	230	吓	65	31	c	e	8	4	3165
191	橫	43	39	h	0		4	3943	231	歇	56	39	c	e	x	1	3956
192	互	47	42	h	y		4	4247	232	消	26	37	c	e	#	1	3726
193	划	46	23	h	y	8	2	2346	233	袖	27	53	c	e	o	4	5327
194	火	16	38	h	y	6	3	3816	234	岘	53	32	c	e	3	4	3253
195	壞	62	38	h	y		4	3862	235	信{4152锌}	13	51	c	e	&	4	5113
196	迴	29	65	h	y	a	2	6529	236	恫	24	28	c	e	!	4	2824
197	換	25	63	h	y	3	4	6325	237	性{841形}	24	18	c	e	0	4	1824
198	婚	58	12	h	y	&	1	1258	238	序	22	70	c	u		4	7022
199*	宺{3868礦}	22	32	h	y	!	3	3222	239	敦	40	63	c	u	x	2	6340
200	缸	52	3	h	y	0	2	352	240	旋	72	36	c	u	3	2	3672

＊註：第 178 項的『髋』的 左碼用 48，不像 A.2 的 第 88 項用 57 當左碼。
這是 肇因於 48 碼的‘宀’能讓人想到‘寬’，且若 第 88 項用 4348
則 該字會變成更像‘宋’而較不像‘髋’，所以才有同楷邊不同碼的
諸情況。

＊註：第 199 項的『宺』用了連筆才得到 3222。如同 A.1 的 註解說，『礦』
有潛力 去 替代『恍』。

＊註：第 212 項的『捲』使用‘扌’部 去 索引左碼，符合人們的 習慣，因
此有潛力 去 替換 A.1 的『裪』。但是‘捲’需要較多的連筆才能獲

得 4025，且 外型相似原字不若 5627 之於 '衪'。至於 A.1 何以用『衪』而不用『捐』是 肇因於 5625 已被『拐』字使用 於 A.1 的 第 158 項。

*註：第 226 項的『瓊』只是換個外形 去 補強 A.1 的『邛』。因爲 '邛' 的 4903 双拼有相似外形 較於 '那' 的 4945 双拼，所以多一個 5208 可以避免誤會。

*註：第 227 項的『崟』用了一衆拆字、連筆 去 獲得 761。這些功夫是 爲 亡於 彌補 A.1『权』的不足 。比如當咱 想說 '全部' 時，用 761 搭 4971 就更好 較於 用 5743 搭 23 轉四聲。

行號	初調字	左碼	右碼	py1	py2	py3	聲調	LMB	行號	初調字	左碼	右碼	py1	py2	py3	聲調	LMB
241	巡	29	6	c	u	&	2	629	281	啥	65	52	v	8		2	5265
242	雄	61	12	c	u	0	2	1261	282	社	27	62	v	2		4	6227
243	秪(4627衹)	39	46	j			1	4639	283*	篩	21	21	v	i		1	2121
244	炸	71	12	j	8		4	1271	284	X			v	a			
245	折	25	44	j	2		2	4425	285*	少	59	15	v	#		3	1559
246	宅	48	47	j	i		2	4748	286	收	27	57	v	o		1	5727
247	赵	36	71	j	#		3	7136	287	陝	49	63	v	3		3	6349
248	宙	48	53	j	o		4	5348	288	沈(砷4868)	26	32	v	&		3	3226
249	展	49	31	j	3		4	3149	289	丄	18		v	!		3	18
250	酙	68	27	j	&		2	2768	290	胜(牲1840)	57	18	v	0		4	1857
251	張	11	31	j	!		1	3111	291	书	24	70	v	y		1	7024
252	征(整6743)	41	36	j	0		1	3641	292	耍	17	58	v	y	8	3	5817
253	猪(\16)	33	52	j	y		1	5233	293	朔	27	2	v	y	6	4	227
254	抓	25	9	j	y	8	1	925	294	摔	25	48	v	y	i	4	4825
255	琢	8	42	j	y	6	2	4208	295*	瀾	1	50	v	y	3	4	5001
256*	拽	25	47	j	y	i	4	4725	296*	吮	65	26	v	y	&	3	2665
257*	坠(追4629)	49	67	j	y	a	4	6749	297*	爽	60	31	v	y	!	3	3160
258	磚	68	42	j	y	3	1	4268	298*	水	3	30	v	y	a	3	3003
259	逭	29	34	j	y	&	1	3429	299	鉗	52	65	q			4	6552
260*	庄(狀1937)	22	62	j	y	!	3	6222	300	惹	30	5	q	2		3	530
261	众(2463衆)	60	69	j	y	2	4	6960	301	擾	25	31	q	#		3	3125
262	匙	36	34	w			1	3436	302	央	48	72	q	o		4	7248
263	磋	68	18	w	8		2	1868	303	礽	13	35	q	&		4	3513
264	蟬	28	72	w	2		1	7228	304	娒	58	28	q	3		3	2858
265*	差	30	18	w	i		1	1830	305	歡(壤2962)	72	64	q	!		2	6472
266	朝	72	2	w	#		2	272	306	初	27	70	q	0		2	7027
267	抽	25	18	w	3		1	1825	307*	入	19	16	q	y		2	1619
268	汕	29	53	w	3		1	5329	308	偌	13	52	q	y	6	4	5213
269	衬(沈2026)	27	45	w	4		4	4527	309	銳	52	32	q	y	a	4	3252
270	倘	13	38	w	!		1	3813	310	軟	72	39	q	y	3	3	3972
271	驂	8	39	w	0		2	3908	311*	潤	5	50	q	y	&	4	5005
272	处(6452鋤)	57	24	w	y		1	2457	312	冗	20	32	q	y	0	3	3220
273	戳	7	46	w	y	6	4	4607	313	字	48	11	z			4	1148
274	瑞	25	28	w	y	i	3	2825	314	呲	65	4	z	8		1	465
275	磴	68	46	w	y	2	4	4668	315	仄(択4925)	17	60	z	2		4	6017
276	船(5144)	44	68	w	y	3	2	6844	316	在(4657職)	61	62	z	i		4	6261
277	春	61	31	w	y	&	1	3161	317*	早(2857蚤)	4	21	z	#		3	2104
278	窗	48	54	w	y	!	1	5448	318*	走	42	26	z	o		3	2642
279*	痤(嵯6836)	3	28	w	y	0	2	2803	319	昝	66	24	z	3		3	2466
280	石(4603式)	68		v			2	68	320*	怎	18	5	z	&		3	518

*註：第 256 項的『搜』本來似乎用 4625 更直覺，但 4625 被『找』佔去了，所以才用 4725 的‘扌 + 衣’替代。

*註：第 257 項的『坠』和『追』雖不若 A.1 的『隹』只需一碼，但更有利於 表達‘墜落’和‘追逐’。

*註：第 260 項的『庄』實際上和 A.1 的『壯』幾乎不分軒輊。但‘庄’的双拼畢竟有些許位移，故居 A.2。實際使用時，‘庄’適合支援‘假裝’的 概念，‘狀’適合支援‘狀況’的 概念。兩者雖居 A.2，但都相當管用。

*註：第 279 項的『痋』乃 為冂於‘重’的 概念。A.1 的『忡』雖可轉調二聲，但‘忄 + 女’的 5824 不容易讓人聯想‘重複’，反而是‘痋’的 2803 轉一聲可以表達’衝’的一聲概念，因為一聲調號是一個箭頭。若不是因為’痋’除了查表還要額外簡化，否則可以位居 A.1。而『忡』之所以能居 A.1，也是因為它能查表直接轉碼。

*註：第 283 項的『篩』被雙拼 於 兩個‘千’，好像要處理一大堆東西的感覺。是種方便記憶的 拼法。

*註：第 285 項的『少』更適合直拼，但因為好記，可以輔助 A.1 的『梢』，尤其是當想不起‘肖’可轉 38 時。

*註：第 295 項的『涮』用了一衆連筆，過程很有‘涮到’的感覺。

*註：第 296 項的『吮』本來可用 4765，但那會太像『吓』的 3165，故使用 2665 替代。

*註：第 297、298、307 項的 諸拼法都算罕見但 實用。畢竟，『水』作為前百名的 常用字，值得一個符號。

*註：第 311 項的『潤』用了一衆連筆，和第 295 項的『涮』有異曲同工的感覺。

*註：第 317、318、320 項的『早、走、怎』本較適合直拼，但因算前四百常用 且 意義鮮明，故特給橫拼法。

行號	初調字	左碼	右碼	py1	py2	py3	聲調	LMB		行號	初調字	左碼	右碼	py1	py2	py3	聲調	LMB
321*	臕{群3037}	2	34	z	!		4	3402		361	啊	61	56	8			4	5661
322	塿	62	71	z	0		1	7162		362	喔	65	29	6			1	2965
323	崒	53	72	z	y		2	7253		363	厄{佴5603}	17	55	2			4	5517
324	左	61	3	z	y	6	3	361		364	X			x				
325*	嘴{醉6168}	65	41	z	y	a	3	4165		365	历	20	64	i			1	6420
326	撍	25	51	z	y	3	4	5125		366	X			a				
327	塼{糸尊4067}	62	40	z	y	&	1	4062		367	坳	62	1	#			1	162
328	綜	67	59	z	y	0	1	5967		368	耦{噢6065}	39	11	o			1	1139
329	次{攤1218}	3	39	4			4	3903		369	安	48	58	3			1	5848
330	嘹	65	59	4	8		1	5965		370	摁	25	50	&			4	5025
331	側	13	10	4	2		1	1013		371	肮	57	31	!			3	3157
332	彩	39	8	4	i		3	839		372	迩{弍4604}	29	29	r			3	2929
333	糙	38	18	4	#		1	1838		373	乙{衣47}	31		e			3	31
334	湊	26	60	4	o		4	6026		374*	齭	1	33	e	8		2	3301
335	驂	8	27	4	3		1	2708		375	X			e	6			
336*	參	8	67	4	&		1	6708		376	也{爺2727}	26	64	e	x		3	6426
337	蠶	37	34	4	!		2	3437		377	崖{6230崖}	53	62	e	i		2	6253
338*	屠	49	66	4	0		2	6649		378	鸘	18	8	e	#		4	818
339	促{惝2840}	13	36	4	y		4	3613		379	有{右6561}	61	2	e	o		3	261
340	蹉{厝7117}	36	67	4	y	6	1	6736		380	堰{眼5565}	62	4	e	3		1	462
341	催	30	12	4	y	a	1	1230		381	阴	49	2	e	&		1	249
342*	蹟	36	47	4	y	3	1	4736		382	樣{佯3013}	43	42	e	!		4	4243
343	存	61	11	4	y	&	2	1161		383	應{迎4929}	22	5	e	0		1	522
344*	匆	60	45	4	y	0	1	4560		384*	誣{无4761}	51	3	y			2	351
345	死{㫃726}	50	31	s			3	3150		385*	蛙{䖔4727}	28	64	y	8		1	6228
346	洒{俩3219}	26	63	s	8		3	6326		386	臥{焐5726}	4	60	y	6		4	6004
347	鉋	52	52	s	2		4	5252		387	X			y	i			
348	腮{窶5748}	2	50	s	i		1	5002		388	為{位1913}	61	70	y	a		3	7061
349*	嫂{艘2744}	58	27	s	#		3	2758		389*	万	17	45	y	3		4	4517
350	傁{搜2725}	13	27	s	o		3	2713		390	吻{問5638}	65	11	y	&		3	1165
351	橪	43	27	s	3		4	2743		391	往	41	19	y	!		1	1941
352	喪{爆4427}	23	44	s	!		4	4423		392	噲{衾4712}	5	70	y	0		1	7005
353	X			s	0			0		393	于{域4662}	70		u			2	70
354	散	28	57	s	3		4	5728		394	湧	26	70	u			3	7026
355	甦	63	18	s	y		1	1863		395	勻	18	45	u			2	4518
356	綹{所4417}	67	48	s	y	6	1	4867		396	原{遠1829}	17	38	u	3		2	3817
357	隨{隨4249}	49	72	s	y	a	2	7249		397	約{越1836}	67	11	u	x		1	1167
358	酸{算4444}	31	38	s	y	3	1	3831										
359	槮	43	72	s	y	&	3	7243										
360	松	43	29	s	y	0	1	2943										

*註：第 321 項的『臕』用四聲 去 搭配 A.1 的『羘』用一聲。其中 '羘' 能
居 A.1 是 肇因於 其化簡步驟較少 且 '爿 + 千' 的 2137 有出千的 味
道，能幫助記憶。但若用 3037 去 拼筆 '羘' 能讓外型更像 '藏'，
有可能更容易被記憶，所以 3037 也被括弧 在 A.2 裡。

*註：第 325 項用 4165 去 配套 A.1 的『晬』，讓兩者的 左碼 都是 65。其
中 '卒' 先被簡化成 19 碼直拼 21 碼，再被簡化成第 72 碼。但 A.2

括弧裡的‘醉’用第 61 碼去代表‘卒’，表示其實 A.1 的‘晬’也可爲 6165。

*註：第 336 項的『參』本來是更中性 較於 A.1 的『殘』，但是‘參’的 6708 橫拼硬拆直拼結構 去 湊出橫拼效果，很不像原字，故屈居 A.2。

*註：第 338 項 如所註解 於 A.1，可被考慮 去 對調角色，用『層』爲先發、『噌』爲候補。但‘噌’的 7165 有中性優勢，對於‘曾經’和‘層層’兩種概念都不違和。

*註：第 342 項的『躦』和 A.1 的『欑』都只有左側部首碼用了直接轉碼，兩右碼都運用了簡化 和 連筆。因爲‘欑’和‘鑽’都使用了第 37 碼作爲右碼 在 A.1、讓兩者能被成組有規律地記憶，所以‘躦’屈居 A.2。

*註：第 344 項讓『匆』用 4560 是 肇因於 能呼應 A.1 的『從』，兩者都用第 60 碼作爲左碼，可幫助記憶。

*註：第 349 項 和 第 350 項的 搭配重點是 在於 讓第 27 碼 去 選擇性地匹配‘叟’在 右碼位置。這一點略不同於 A.1 的『艘』用 5744 去 作 LMB 碼。因此，A.2 裡用括弧 去 標示 2744 作爲‘艘’的 替代方案。

*註：第 374 項的『齖』用 3301 如同‘臼 + 才’，可讓人聯想臼齒、幫助記憶‘牙’的 音。

*註：第 384 項的『誣』被選入 A.2 是 肇因於 企圖找字 去 對照二聲的『無』字，於其 爲一重要邏輯字彙。遺憾地，意義上更近的『无』字較適合直拼，其若被硬拆成橫拼並不那麼相似原字。不過，硬拆也有額外的好處，即可以用‘左、右、有、无’去 形成一個記憶組，於其左碼都是 61，而右碼分別爲 3、65、2、和 47。所以 4761 被括弧起來。

*註：第 385 項的 括弧裡有襪字，於其用 4727 有如‘礻 + 衣’，不只意義上講得過去，還有相同的 右碼 之於 A.1 的『瓦』。這樣成組的 拼法能方便記憶。

*註：第 389 項的『万』本來更適合直拼，但因爲表達數字需要能簡單、尤其像’十、百、千、萬、億’這類發音，故特別用 A.2 給出一個直接

四聲的 版本、避免只依賴 A.1 的『玩』去 轉四聲。

www.danby.tw 將提供額外的 一摺説明

A.3 注音代號（JY SYMBOLS）

本書用圖 1-35 的 一眾 JY 替代碼 去 匹配 37 個注音符號。該匹配習慣有助於輸入紀錄，且 被用到 A.1 和 A.2。下表重現該部分：（註：ㄐ的 JY 爲數字 9）

注音	JY	注音	JY	注音	JY	注音	JY
ㄅ	b	ㄏ	h	ㄙ	s	ㄣ	&
ㄆ	p	ㄐ	9	ㄚ	8	ㄤ	!
ㄇ	m	ㄑ	7	ㄛ	6	ㄥ	0
ㄈ	f	ㄒ	c	ㄜ	2	ㄦ	r
ㄉ	d	ㄓ	j	ㄝ	x	ㄧ	e
ㄊ	t	ㄔ	w	ㄞ	i	ㄨ	y
ㄋ	n	ㄕ	v	ㄟ	a	ㄩ	u
ㄌ	l	ㄖ	q	ㄠ	#		
ㄍ	g	ㄗ	z	ㄡ	o		
ㄎ	k	ㄘ	4	ㄢ	3		

子母拼法 和 子音擴充法 用双拼字碼一眾 去 匹配擴充注音集。本書圖 2-22 反映了這種匹配，並被重現 於 下表。

下表還反映了注音料的 設計方式，即前 21 個符號可爲純子音料（或稱輔音）；後 16 個符號裡有 12 個可爲純母音

料、3 個爲混音料、1 個可爲純字音。

　　下表的 雙拼字群主要參考 A.1，小部分例外被指定給外文發音。該表並未窮盡地表達外文發音，故，可被繼續擴充去 完善。若要改善下表，使用者可參考 A.2 的 雙拼字料，比如改匹配 給 ㄛ 伴搭 双拼碼號料 {65、29}。

注音	IPA	双拼	注音	IPA	双拼	注音	IPA	双拼	注音	IPA	双拼	注音	IPA	双拼
ㄅ	b		ㄏ	h		ㄙ	s			..	ㄣ		ㄙ²	s	
ㄆ	p		ㄐ			ㄚ	ɑ		ㄤ						
ㄇ	m		ㄑ			ㄛ	c		ㄥ						
ㄈ	f		ㄒ			ㄜ	ə		ㄦ	ə		ㄦ	r	
ㄉ	d		ㄓ			ㄝ	e		ㄧ	i				
ㄊ	t		ㄔ			ㄞ	ia		ㄨ	u		ㄨ	w	
ㄋ	n		ㄕ			ㄟ	iɜ		ㄩ	y~i				
ㄌ	l		ㄖ			ㄠ	uɑ							
ㄍ	g		ㄗ			ㄡ	ou							
ㄎ	k		ㄘ	ts		ㄢ	ɜ							

バ	b	
ガ	g	
ザ	z	

	v			dg	
ɪ		θ		ch	
æ		θθ		sh	

A.4 單筆集 和 注音組群 （DANBY SUITE & JY SETS）

　　單筆集的發音被介紹在圖 1-12，圖 1-13，兩者被重繪
恣於 下方：

#	G1	P	PY			T
1	ㄈ	日	9	e	o	4
2	∩	月	u	x		4
3	乛	工	g	y	0	1
4	ㄈ	匚	f	!		
#	G2	P	PY			T
5	ㄣ	心	c	e	&	1
6	ㄥ	川	w	y	3	1
7	ㄋ	己	9	e		3
8	S	王	y	!		2

#	G3	P	PY			T
9	ω	艹	j	y	8	3
10	︽	竹	j	y		2
11	ㄋ	了	l	2		0
12	ㄋ	隹	j	a	1	
#	G4	P	PY			T
13	l	亻	q	&		2
14	―		e			
15	╱	丿	p	e	x	3
16	╲	丶	n	8		4
17	⌒	厂	w	!		3

#	G5	P	PY			T
18	ㄥ	ㄥ	v	!		4
19	→		t	o		2
20	厂		m	e		4
21	ㄔ	千	7	e	3	1
22	冖	广	g	y	!	3
#	G6	P	PY			T
23	十	十	v			4
24	亡	ㄐ	c	e	&	1
25	ㄐ	扌	v	o		3
26	辶	氵	v	y	a	3

#	G7	P	PY			T
27	ㄐ	衤	v			4
28	ㄏ	内	n	a		4
29	乙	辶	w	y	6	4
30	ㄆ	丫	8			1
31	ㄜ	乙	e			3
32	ㄙ	儿	r			2
#	G8	P	PY			T
33	ㄌ	才	4	i		2
34	ㄅ	匕	b	e		4
35	ㄋ	刀	d	#		4
36	ㄡ	疋	p	e		3

#	G9	P	PY			T
37	ㄢ	卅	b	3		4
38	ㄣ	片	p	e	3	4
39	ㄏ	禾	h	2		2
40	ㄋ	牛	n	e	o	2
41	ㄔ	彳	w			
42	ㄝ	廴	e	&		3
43	ㄇ	木	m	y		4
44	ㄍ	斤	9	e	&	1
#	G10	P	PY			T
45	ㄋ	寸	4	y	&	4
46	ㄣ	戈	g	2		1
47	ㄟ	衣	e			1
48	ㄇ	宀	m	e	3	2

#	G11	P	PY			T
49	ㄗ	卩	b	!		4
50	ㄑ	夕	c	e		4
51	ㄜ	言	e	3		2
52	ㄜ	色	d	3		4
53	ω	山	v			3
54	ㄙ	白	b	i		2
55	ㄖ	艮	g	&		4
56	ㄦ	可	k	2		3

#	G12	P	PY			T
57	ㄨ	貝	b	a		4
58	ㄆ	女	n	u		3
59	ㄠ	小	c	e	#	3
60	ㄨ	人	q	&		2
61	ㄏ	毛	m	#		2
62	ㄟ	土	t	y		3
63	ㄨ	西	c	e		1
#	G13	P	PY			T
64	ㄌ	力	l	e		4
65	o	口	k	o		3
66	ㄖ	昌	w	!		4
67	ㄥ	幺	e	#		1
68	ㄖ	石	v			2
69	∵	蒜	s	y	3	4

#	G14	P	PY			T
70	ㄋ	于	u			2
71	ㄨ	又	i			4
72	ㄊ	於	u			2

　　單筆集的 編號分欄 又于 族群被介紹 忒於 圖 1-15，其被重繪 於 下方。其中，序號 17、22、42、44 等諸單筆異類之眾因各僅有小差異 較於 各所轄欄特徵，故被歸入該各欄。序號 21 的 單筆異類本該被歸類 於『10- 双折』族群，但因已有大量統計資料根據此序號 去 編碼、排序，故，本書未移動它 到 更合適的 第十族。

1-彎	2-迴	3-彈	4-直	5-橫折	6-纵折	7-彎折	8-轉折	9-双勾折	10-双折	11-閉	12-跨	13-複合	14-特殊
1	5	9	13	18	23	27	33	37	45	49	57	64	70
2	6	10	14	19	24	28	34	38	46	50	58	65	71
3	7	11	15	20	25	29	35	39	47	51	59	66	72
4	8	12	16	21	26	30	36	40	48	52	60	67	
			17	22		31		41		53	61	68	
						32		42		54	62	69	
								43		55	63		
								44		56			

　　爲方便比較，咱用上圖 去 對照單筆集 於 下方：

第十三族諸成員有多欄特徵、增量特徵、或 新特徵一眾，故被稱爲『複合』族。第十四族諸成員皆有重要語法功能，故稱『特殊』。

A.5 抽樣紀錄（SAMPLE RECORD）

以下抽樣是 從匸於 [磁感測器與類比積體電路原理與應用] 2022 一書 ISBN 978-626-343-261-1。該抽樣來自三文字片段，每段 80 字，其包含標點，共 240 字。所得抽樣被載入諸『字』欄位。

該等欄位中的 諸英文字料代表一眾標點符號。

　　憑藉第一候選表 A.1，諸原字被轉碼 成 一眾'初調字'在『1st』欄位。該等初調字的 左右碼的 單筆序號料分別被記錄在『左』和『右』欄位。

#	字	1st	左	右	#	字	1st	左	右	#	字	1st	左	右	#	字	1st	左	右	#	字	1st	左	右	#	von	1st	左	右
1	現	仙	13	53	41	d				81	假	加	65	64	121	利	力		64	161	驗	言		51	201	多	哆	69	50
2	今	斤		44	42	明	明	65	2	82	設	什	13	23	122	c				162	證	郑	39	49	202	電	蹟	36	72
3	的	的	54	11	43	暗	譜	51	51	83	當	肚	2	62	123	當	砀	68	11	163	動	什	13	23	203	動	什	42	64
4	磁	此	18	34	44	d				84	者	這	29	51	124	他	跤	36	11	164	計	己		5	204	也	咽	65	65
5	感	肝	2	41	45	和	和	39	65	85	熟	术	15	72	125	受	扌		25	165	與	於		72	205	都	陡	49	36
6	測	測	53	23	46	輕	頃	34	63	86	悉	西		63	126	建	建	42	42	166	產	迪	51	52	206	只	朌	67	46
7	器	祁	27	49	47	重	禾中	39	58	87	了	十		11	127	議	一		14	167	品	拼	25	37	207	是	十		23
8	智	織	67	46	48	感	肝	2	41	88	前	千			128	於	於		72	168	也	咽	65	65	208	裡	力		64
9	慧	灌	26	4	49	覺	狂	8	8	89	九	糾	67	27	129	指	織	67	46	169	是	十		23	209	論	纶	67	34
10	打	扛	25	45	50	悟	川			90	章	胱	2	62	130	尊	刀		63	170	類	肋	2	65	210	p			
11	增	贈	57	71	51	回	灌			91	內	戎	61	46	131	老	絡	67	66	171	比	匕		35	211	而	儿		31
12	c				52	大	打	25	45	92	容	戎	61	46	132	師	十		23	172	公	工		3	212	且	切	62	35
13	就	糾	67	27	53	腦	腦	2	51	93	c				133	時	十		23	173	程	成	28	46	213	c			
14	像	相	43	65	54	f				94	有	幼	67	64	134	p				174	師	十		23	214	好	好	58	11
15	一	一		14	55	數	术	15	72	95	能	能	44	34	135	從	丛	60	60	175	的	的	54	11	215	實	十		23
16	種	禾中	39	58	56	位	唯	65	12	96	力	幼	67	64	136	商	呴	65	28	176	重	禾中	39	58	216	驗	言		51
17	有	幼	67	64	57	電	蹟	36	72	97	應	硬	68	63	137	業	咽	65	65	177	要	幺		67	217	能	能	44	34
18	機	提	18	34	58	路	路	26	66	98	用	佣	13	2	138	腳	叫	65	27	178	工	工		3	218	生	升	21	23
19	體	提	25	36	59	像	相	43	65	99	內	戎		28	139	度	肚	2	62	179	作	做	13	57	219	動	什	42	64
20	h				60	人	人			100	容	戎	61	46	140	看	刊	41	23	180	p				220	地	氐	46	47
21	類	肋	2	64	61	的	的	54	11	101	產	迪	51	52	141	c				181	電	蹟	36	72	221	歸	櫃	43	4
22	比	匕		34	62	中	禾中	39	58	102	生	升	21	23	142	轉	轉	72	72	182	腦	腦	2	51	222	納	那	45	49
23	前	亍		17	63	框	木	15	72	103	新	心		5	143	利	力		64	183	輔	妇	58	3	223	理	力		64
24	端	斷	34	44	64	神	岫	53	53	104	設	什	13	23	144	做	做	13	57	184	助	竹			224	論	纶	67	34
25	電	蹟	36	72	65	經	阱	49	37	105	計	己		7	145	為	唯	39	2	185	設	什	13	23	225	c			
26	路	路	34	66	66	系	西		63	106	c				146	籌	稠	39	18	186	計	己		5	226	對	對	57	45
27	像	相	43	65	67	統	桐	43	2	107	讀	肚	2	62	147	碼	傌	13	8	187	軟	阮	49	41	227	理	力		64
28	週	州	16	6	68	負	妇	58	3	108	者	這	29	51	148	可	可		65	188	體	提	67	27	228	解	械	43	46
29	邊	边	29	64	69	責	則	57	23	109	可	可		56	149	以	一		14	189	就	糾	67	27	229	和	和	39	65
30	神	岫	53	53	70	編	訇	29	64	110	能	能	44	34	150	幫	卩		49	190	像	相	43	65	230	記	己		5
31	經	阱	49	37	71	碼	傌	13	8	111	有	幼	67	64	151	助	竹			191	電	蹟	36	72	231	憶	一		14
32	系	西		63	72	判	汃	26	48	112	須	須	8	63	152	以	一		14	192	動	什	42	64	232	都	陡	49	36
33	統	桐	43	2	73	斷	斷	34	44	113	求	球	9	8	153	下	峽	53	63	193	玩	玩	8	47	233	深	屾	53	53
34	把	八	15	16	74	d				114	將	將	38	40	154	行	行	41	70	194	具	佢	13	41	234	具	佢	13	4
35	人	人		60	75	記	己		7	115	新	心		5	155	為	唯	65	12	195	p				235	影	相	68	63
36	開	K	16	6	76	憶	一		14	116	設	什	13	23	156	q				196	設	什	13	23	236	想	相	43	65
37	遭	遺	29	71	77	d				117	計	己		7	157	1				197	計	己		5	237	p			
38	的	的	54	11	78	和	和	39	65	118	寫	械	43	46	158	p				198	師	十		23	238	另	伶	24	42
39	冷	愣	24	36	79	下	峽	53	63	119	成	成	28	46	159	防	匚		4	199	打	打	25	45	239	外	外	50	24
40	熱	熱	10	31	80	命	明	65	2	120	專	轉	72	72	160	止	織	67	46	200	再	載	72	46	240	c			

　　以下抽樣是 從匸於 [江漢聲的音樂處方籤] 2001 一書 ISBN 957-13-3333-6。該抽樣照舊來自三文字片段，照舊每段 80 字，其包含標點，照舊共 240 字。所得抽樣照舊樣被載入諸『字』欄位。該等欄位中的 諸英文字照舊代表 一眾標點符號。

　　憑藉第一候選表 A.1，原字料照舊被轉碼成 一眾'初調

字’在『1st』欄位。該等初調字的 左右碼的 單筆序號料照舊分別被記錄在『左』和『右』欄位。

#	字	1st	左	右	#	字	1st	左	右	#	字	1st	左	右	#	字	1st	左	右	#	字	1st	左	右	#	字	1st	左	右
241	有	幼	67	64	281	別	別	55	23	321	布	卜		24	361	婉	玩	8	47	401	老	絡	67	66	441	沒	玫	8	57
242	個	戈		46	282	人	人		60	322	拉	剌	43	23	362	拒	佢	13	4	402	王	王		8	442	有	幼	67	64
243	笑	小		59	283	聽	听	65	44	323	母	木		43	363	p					403	是	十		23	443	音	立		42
244	畫	化	13	34	284	c				324	斯	絲	67	67	364	有	幼	67	64	404	個	戈		46	444	樂	月		2
245	形	行	41	70	285	真	朕	2	39	325	出	初	27	35	365	一	一		14	405	什	什	13	23	445	賣	十		23
246	容	戎	61	46	286	的	的	54	11	326	生		21	23	366	次	此	18	34	406	麼	麼	22	67	446	在	載	72	46
247	一	一		14	287	沒	玫	8	57	327	於	於		72	367	c					407	都	陡	49	36	447	很	很	41	55
248	個	戈		46	288	人	人		60	328	漢	和	39	65	368	他	跛	36	11	408	挑	調	51	2	448	無	武	46	46
249	人	人		60	289	優	幺		67	329	優	抱	25	7	369	給	給	67	51	409	剔	提	25	36	449	聊	擾	25	66
250	唱	厂		17	290	聽	听	65	44	330	的	的	54	11	370	父	妇	54	3	410	的	的	54	11	450	p			
251	歌	戈		46	291	了	了		11	331	窮	邛	2	49	371	親	沁	26	5	411	人	人		60	451	c			
252	有	幼	67	64	292	c				332	人	人		60	372	寫	械	43	46	412	c				452	司	絲	67	67
253	多	哆	69	50	293	他	跛	36	11	333	街	戒	69	64	373	了	了		11	413	這	這	29	51	453	沒	玫	8	57
254	難	又	57	12	294	就	糾	67	27	334	c				374	一	一		14	414	天	填	62	72	454	沒	玫	8	57
255	聽	听	65	44	295	拿	那	45	49	335	他	跛	36	11	375	封	馮	3	8	415	上	响	65	28	455	好	好	58	11
256	c				296	把	八	15	16	336	的	的	54	11	376	信	佶	54	11	416	了	了		11	456	氣	祁	27	49
257	這	這	29	51	297	刀	刀		35	337	父	妇	58	3	377	說	說	51	32	417	一	一		14	457	的	的	54	11
258	個	戈		46	298	埋	扬	11	64	338	親	沁	26	5	378	q					418	部	卜		24	458	說	說	51	32
259	人	人		60	299	伏	妇	58	3	339	是	十		23	379	在	載	72	46	419	新	心		5	459	q			
260	歌	戈		46	300	在	載	72	46	340	個	戈		46	380	你	膩	72	46	420	的	的	54	11	460	那	那	45	49
261	聲	升	21	23	301	森	森	43	49	341	窮	邛	3	49	381	孤	傴	13	12	421	計	己		7	461	你	膩	2	46
262	真	十		23	302	林	林	43	43	342	音	立		42	382	單	呂		52	422	程	成	28	46	462	下	峽	53	63
263	在	載	72	46	303	裡	力		64	343	樂	月		64	383	的	的	54	11	423	車	彻	41	35	463	車	彻	41	35
264	令	伶	24	42	304	,				344	家	加	64	65	384	時	十		23	424	對	对	57	45	464	去	趣	36	57
265	人	人		60	305	看	刊	41	23	345	c				385	候	候	24	63	425	司	絲	67	67	465	搭	打	25	45
266	敬	陟	49	37	306	到	卩		35	346	在	載	72	46	386	,					426	機		54	11	466	垃	卩		11
267	而	儿		32	307	路	路	36	66	347	他	跛	36	11	387	最	晬	65	72	427	說	說	51	32	467	圾	圾	62	11
268	遠	夗	50	55	308	經	阱	49	37	348	成	成	28	46	388	好	好	58	11	428	q				468	車	彻	41	35
269	之	織	67	46	309	過	过	29	45	349	名	明	65	12	389	翻	帆	61	41	429	運	連	29	20	469	好	好	58	11
270	c				310	過	过	29	45	350	發	伐	13	72	390	開	開	61	41	430	將	將	37	40	470	了	了		11
271	偏	片		38	311	就	糾	67	27	351	跡	己		7	391	韓	和	39	65	431	c				471	p			
272	偏	片		38	312	出	初	27	35	352	之	織	67	46	392	德		39	65	432	你	膩	2	46	472	q			
273	他	跛	36	11	313	來	徠	41	43	353	後	候	24	63	393	爾	儿		32	433	的	的	54	11	473	台	颱	32	18
274	又	幼	67	64	314	拔	八	15	16	354	想	相	43	65	394	的	的	54	11	434	車	彻	41	35	474	北	貝		57
275	很	很	41	55	315	刀	刀		35	355	報	抱	25	7	395	樂	月		2	435	子	仔	13	11	475	市	十		23
276	喜	西		63	316	威	唯	65	12	356	達	打	25	45	396	譜	仆	13	24	436	不	卜		24	476	垃	卩		11
277	歡	还	29	43	317	喬	械	43	46	357	父	妇	58	3	397	c					437	錯	楷	43	71	477	圾	圾	62	11
278	唱	厂		17	318	他	跛	36	11	358	親	沁	26	5	398	可	可		56	438	c				478	車	彻	41	35
279	歌	戈		46	319	,				359	卻	郤	52	49	399	以	一		14	439	可	可		56	479	的	的	54	11
280	給	給	67	51	320	路	路	36	66	360	被	貝		57	400	發	伐	13	72	440	是	十		23	480	音	立		42

A.6 更多撂 在 重構（MORE ON RESTRUCTURING）

　　3.1.2 小節的 圖 3-4 舉了一些重構的 例子。該等例子考量了口語、一般文書、和 拼筆，也考慮了傳統 和 革新兩個層面。該等例子同時引用了A.1 和 A.2，去 增加拼筆彈性。

　　狹義地說，重構講限縮指定詞性 到 PPJ，其包括運用

標準接口字組『於』和『于』的 一眾手段。比如所論 於 3.1.2 小節。

　　廣義地說，重構還包括其它的 標準化手段一眾 去 區分 其它的 詞性料。比如 3.1.4 小節用『挨』、『怣』去 做接口 字給 被動式的 一摺語法；又比如 3.1.5 小節用有無轉調三 聲 搭 特定組合群 去 區隔疑問詞 和 純代詞。

　　3.1.2 小節說咱將在此申論 並 澄清 圖 3-4 的 各種例 子。其中，澄清‘於’和‘于’特別重要，特別是 在於 此情 況 當 兩字有相同的 發音時。

　　因爲傳統裡『于』字承擔了『於』字的 功能，從甲骨文 時代就如此。故，若僅用‘于’字去承擔 by 的 意義，有可 能混淆 in、on 的 一摺轄區。也因此，圖 3-4 用『ㄡ于』去 專任 by 的 功能，助必要時可釐清職能。

　　比如 2.4 節講到「可替換‘挪’ㄡ于 A.2 的『郍』去作 爲該音群的 初調字」。其中的『ㄡ于』若被換 到『于』， 就有可能造成兩種閱讀混淆。第一種是誤認此時‘于’代表 ‘在’，第二種是誤認新任者爲‘挪’、並 誤認被取代者 爲‘郍’。但，因爲咱用的 是 ㄡ于，有ㄡ字在前，有引用 後者的 意味，故能告訴讀者後者‘郍’才是新任者，前者 ‘挪’是被取代者。

　　若要呈現相反的意義，則咱可說「可替換‘挪’爲匚於 A.2 的『郍』去作爲該音群的 初調字」，如此便可改‘挪’ 的 腳色 成 新任者，讓‘郍’的 腳色轉 成 舊版、即被取代 者。

即是説，若 所涉一眾重構有足夠的 線索 去 釐清職能，則 它們就能助描述變更加精準。這個概念很像賦予精簡 ppj 一種 inflexion。只是這裡的 變形有時是被加在字頭。若舉一例 於 被加 在 字尾 去 調整 ppj 者，則圖 3-4 的『去』和『去又』就是很好的 寫照，前者代表單純的 to，後者代表更目的化的 to achieve the purpose of。

以上不論是被加 在前於 或 在後於 一摺 ppj，『又』字都微調了該摺 ppj 的 指向。因此 3.1.3 小節的 圖 3-7 才會特別用機尾輪廓 去 形容其所轄單筆碼。

這種 inflexion 的 概念是特有 於 國文的，因爲外文的字尾變形通常不針對 ppj，而 針對名詞、形容詞、動詞等。

3.1.5 小節還説咱將在此整理該節的 一眾匡列成員：

咱可見下圖 a～f 各組兩成員間幾乎都只差一個調號 或字尾，可被用 去 區隔詞性。至於 怎何而區隔，則有些彈性。比如咱可用‘怎何以’去 表達 Q、用‘怎何而’去 表達純 P，但同時咱也可以交換其身分，或 甚至總是只用其中一者 去 表達 Q 和 兩者，只要同一個作者保持同一種習慣即可。

另外，a～d 都擁有完全相同的 字頭。一眼望去，不只字頭標準整齊，又有足夠的 一眾差異 在 尾隨拼筆的 字形和 長短。很有利讀寫。

	ㄞㄘ雙ㄈ眾	ㄘㄞ拼筆眾	詞性
a.3　內一摺(料)	ㄏㄧ ㄐ8	ㄏㄧㄐ8	Q/P
a.4　內一摺(料)	ㄏ ㄧ ㄐ8	ㄏㄧㄐ8	P
b.3　內匚(方)	ㄏ ㄈ	ㄏㄈ	Q/P
b.4　內匚(方)	ㄏ ㄈ	ㄏㄈ	P
c.3　內夊	ㄏ ㄨㄏ	ㄏㄨㄏ	Q/P
c.4　內夊	ㄏ ㄨㄏ	ㄏㄨㄏ	P
d.3　內石(時)	ㄏ ㄛ	ㄏㄛ	Q/P/PPJ
d.4　內石(時)	ㄏ ㄛ	ㄏㄛ	P
e.3　禾(何)乙(以)	ㄏ ㄜ	ㄏㄜ	Q/P
e.4　禾(何)乙(以)	ㄏ ㄜ	ㄏㄜ	Q/P
f.3　譖(怎)禾(何)	�632ㄏ	ㄅㄨㄏ	Q/P
f.4　譖(怎)禾(何)儿(而)	ㄅㄨㄏㄟ	ㄅㄨㄏㄟ	Q/P

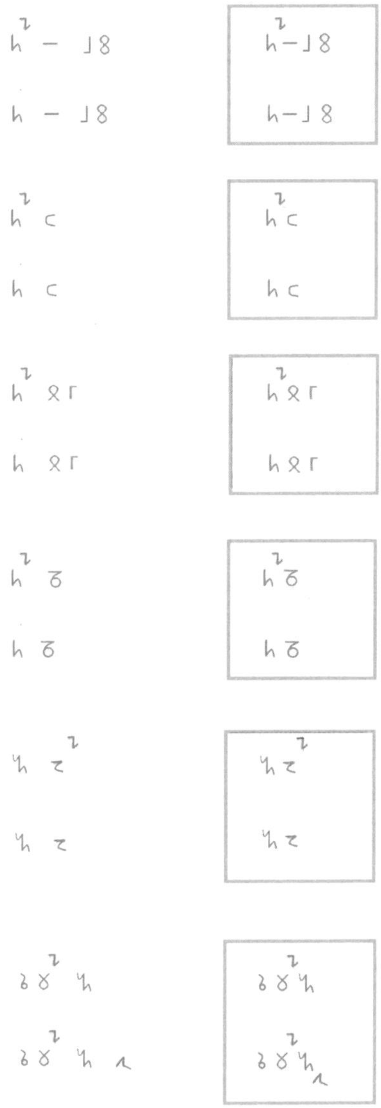

a 予 what　　b 予 which　　c 予 where　　d 予 when　　e 予 why

f 予 how

　　上圖裡，『內』字代表『那一』的 連音近似。『內ˇ』發音同『餒』，其代表『哪一』的 連音。本來，既然連音了，那 a.3 和 a.4 的 ㄡㄙ區 和 ㄙㄡ區就沒有必要保留一字。但，保留一字可以加強視覺特徵 相較於 b、c、d 的組合，且 該保留讓一的 發音加長，使得 "一撇" 的 數量感被保留下來。換言之，咱故意爲之讓 a 保有一 而 不讓 b、c、d 保留一。

　　上圖的 拼筆群引用了 A.1 和 A.2。若被改 成 只引用 A.1 也行。兩者在口語上沒有差別。在 書寫上，混用會方便一點，但 差別不大。

A.7 索引 於 關鍵字群（INDEX OF KEYWORDS）

碼1	碼2	碼3	碼4	碼5	碼6	碼7	碼8	拼筆索引（初調）	彙字	相關頁面
67	34	25	22						輪廓	009 088 089 092~095 097~099 112 156
67	46	8	8						知覺	139 187 188 191 193 196
67	64	67	39	67	46				右分支	143 188
69	46	29	23	18	34				介連詞	109 140 148
71									揆	158-160 165 166
72	26	72	15	72					語法樹	140-143 146 188 193 196
72	72	3	2						轉調	001 003 004 011 012
72	72	64							專利	068 094 129

註 1：本索引 用 A.1 作爲基準。若用電子版的 格式，則可以混用 A.2 甚至 其它候選表。比如双疋用 57,57,62,7 去 作索引 在 本表，但若混用 A.2，也可用 57,57,36 去 作索引。

註 2：70 碼 和 72 碼都屬『ㄩ』的 音群。在 索引時，第 72 碼代表該音群。

結語

　　A.1 和 A.2 好像家裡的 兩組螺絲起子。其中第一組只有一種小尺寸把手，但 有多種轉子，去 適應一般各種使用情況；第二組則有特別的 一眾握把 和 長短 去 針對性地處理特定工作、補強第一組。

　　怎如何選用 A.1 和 A.2 循況於 書寫上 、打印上、和 電腦語言上可被考慮 成 一種技術活。

　　在 下一部著作裡，咱將不只申論双拼轉調，還將衍生多種 遊戲說明，其將充滿著愉快的 風格。

　　讀者可用 www.danby.tw 去 追蹤各種更新。

國家圖書館出版品預行編目(CIP)資料

双拼轉調法／吳樂先作.--初版.--臺北市：五
南圖書出版股份有限公司, 2024.02
　　面；　公分
　　ISBN 978-626-366-983-3(平裝)

1.CST: 輸入法

312.92　　　　　　　　　　　113000123

4B24

双拼轉調法

作　　　者 ― 吳樂先

發 行 人 ― 楊榮川

總 經 理 ― 楊士清

總 編 輯 ― 楊秀麗

副總編輯 ― 王正華

責任編輯 ― 張維文

封面設計 ― 鄭云淨

出 版 者 ― 五南圖書出版股份有限公司

地　　　址：106台北市大安區和平東路二段339號4樓

電　　　話：(02)2705-5066　　傳　　真：(02)2706-6100

網　　　址：https://www.wunan.com.tw

電子郵件：wunan@wunan.com.tw

劃撥帳號：01068953

戶　　　名：五南圖書出版股份有限公司

法律顧問　林勝安律師

出版日期　2024年2月初版一刷

定　　　價　新臺幣420元

經典永恆・名著常在

五十週年的獻禮 —— 經典名著文庫

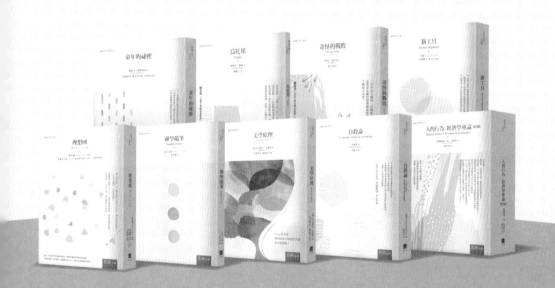

五南，五十年了，半個世紀，人生旅程的一大半，走過來了。

思索著，邁向百年的未來歷程，能為知識界、文化學術界作些什麼？

在速食文化的生態下，有什麼值得讓人雋永品味的？

歷代經典・當今名著，經過時間的洗禮，千錘百鍊，流傳至今，光芒耀人；

不僅使我們能領悟前人的智慧，同時也增深加廣我們思考的深度與視野。

我們決心投入巨資，有計畫的系統梳選，成立「經典名著文庫」，

希望收入古今中外思想性的、充滿睿智與獨見的經典、名著。

這是一項理想性的、永續性的巨大出版工程。

不在意讀者的眾寡，只考慮它的學術價值，力求完整展現先哲思想的軌跡；

為知識界開啟一片智慧之窗，營造一座百花綻放的世界文明公園，

任君遨遊、取菁吸蜜、嘉惠學子！